草莓 绿色生产实用技术

CAOMEI LVSE SHENGCHAN SHIYONG JISHU

刘晓艳　闵　勇◎主编

長江出版傳媒　湖北科学技术出版社

前　言

中国是世界上最大的草莓生产国。随着人们生活水平的提高，营养丰富的草莓逐渐受到消费者的追捧，草莓采摘成为带动乡村旅游业发展的抓手。然而随着草莓种植规模不断扩大，栽培方式多为设施栽培，重茬普遍，因此草莓病虫害发生种类多、危害风险高，一些管理不善及病虫害重发的田块，不仅产量损失大，而且农药使用多，影响草莓质量安全。推广草莓绿色生产实用技术，是保障草莓高产优质和产业稳定发展的重要措施。

本书从草莓产业基本情况，草莓生长习性，草莓优良品种，草莓栽培技术要点，草莓主要病虫草害及其绿色防控技术，草莓收获、分级、包装及运输，草莓生产中存在的食品安全问题，我国草莓中农药最大残留限量标准，草莓质量安全 HACCP 体系的建立与应用，互联网背景下的草莓销售对策等方面进行全面的介绍。本书语言通俗易懂，介绍的技术先进，科学实用，可操作性强，适合草莓种植人员及有关农林院校师生参考阅读，尤其对广大种植户在草莓病虫害绿色防控的标准化、减肥减药等方面具有较强的指导作用。

本书在编写过程中，得到了有关单位和部门的关心、支持和帮助，参考引用了国内同行的专著，在此一并致谢。

编者

2024 年 6 月

目　录

第一章　草莓产业基本情况

第一节　世界草莓产业基本情况

草莓（*Fragaria × ananassa*）为蔷薇科草莓属多年生浆果类草本果树，是世界上栽培最为广泛的草本果树之一，素有“浆果皇后”的美称。草莓不仅可以直接食用，而且还可加工成草莓酱、草莓汁、草莓蜜饯、草莓罐头等，其中草莓酱是国际市场最畅销的高档果酱之一。草莓营养价值高，富含维生素 C、维生素 B_1 等多种维生素，钾、磷、钙、铁等矿质元素，鞣花酸、类黄酮等多种抗氧化物质，在提高人体免疫力、抗衰老、防止癌症发生、预防多种疾病、促进肠胃吸收等方面都有很好的功效。

据统计综合分析，在 2010—2019 年的 10 年间，全球草莓种植面积有小幅增加，由 2010 年的 451.94 万亩（1 亩 ≈ 667 平方米）增长至 2019 年的 594.60 万亩（图 1–1），产量有较大幅度的增长，由 2009 年的 639.95 万吨增长至 2019 年的 833.71 万吨，在小浆果品类中居首位。从全球来看，中国的草莓种植面积最大，2019 年中国的草莓种植面积为 189.20 万亩，在全球占比为 31.82%；其次是波兰，2019 年波兰的草莓种植面积为 74.86 万亩，在全球占比为 12.59%；排名第三的是俄罗斯，草莓种植面积为 46.68 万亩，在全球占比为 7.85%（图 1–2）。

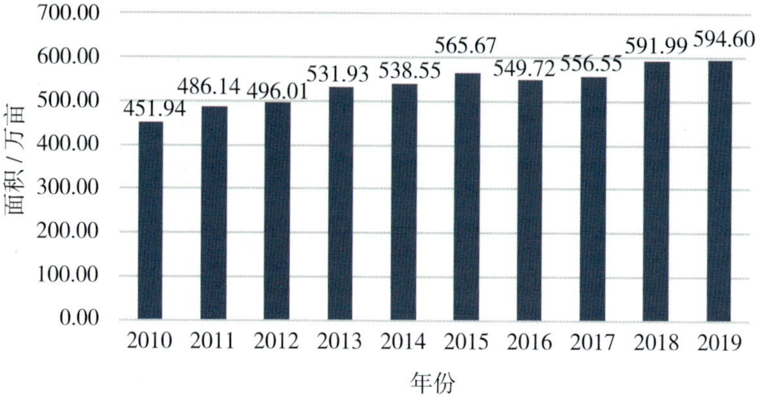

图 1–1　2010—2019 年全球草莓种植情况

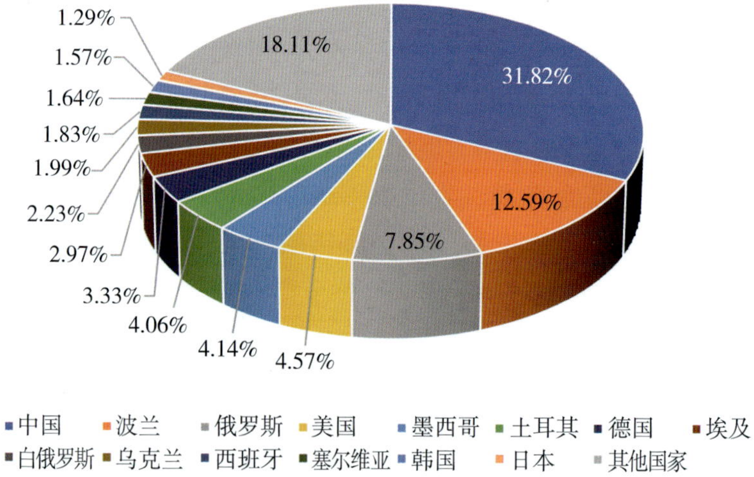

图 1–2　2019 年全球草莓种植面积分布情况

2019 年，中国的草莓总产量为 296.4 万吨，占全球草莓总产量的 35.6%；其次为美国，草莓总产量为 129.6 万吨，占全球草莓总产量的 15.55%；排名第三的为墨西哥，草莓总产量为 65.4 万吨，占全球草莓总产量的 7.84%（图 1–3）。目前全球草莓单产最高的国家为美国（4.34 吨 / 亩），其次为西班牙（3.27 吨 / 亩）、墨西哥（3.19 吨 / 亩）、以色列（2.95 吨 / 亩）及摩洛哥（2.92 吨 / 亩），中国草莓单产为 1.78 吨 / 亩，稍高于世界平均水平，但与前几位差距较大。

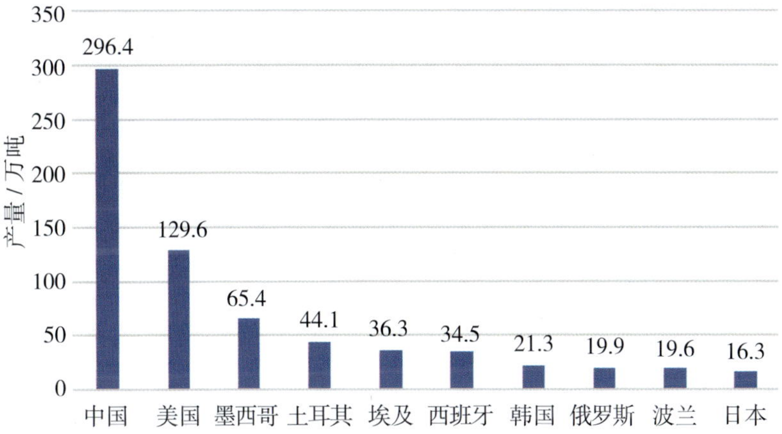

图 1–3　2019 年世界草莓主产国草莓产量

世界各国的草莓生产在发展趋势、栽培面积、栽培形式、栽培品种、销售和加工等方面都有各自的特点。美国的草莓主产区在加利福尼亚州，栽培面积约为 10000 公顷，草莓产量占美国总产量的 80%，栽培形式以露地栽培为主。波兰的草莓多采用地毯式栽植方式，定植时期分为春栽和秋栽两个时期，可连续收获 3 年。其年产量的 70% ～ 80% 用于加工，1/3 左右用于出口。在栽培技术方面多采用无病毒苗种植，这是其增加草莓产量的重要措施之一。日本是草莓设施栽培极其发达的国家，草莓设施栽培面积占草莓栽培总面积的82.9%，栽培形式主要是促成栽培，部分为半促成栽培，年产量20万～21万吨，果实以鲜食为主。另外，日本在早熟品种选育和促进花芽分化的理论研究及实践方面均处于世界领先水平。日本草莓早熟品种的特点是果实大、外观美、味甜、休眠浅、花芽分化早，但抗病虫害能力弱，果实软，耐贮运性差。由于其主要采取设施栽培，所以与之相应的草莓专用肥、二氧化碳肥、加温和电照等配套设施及其材料相当完善，育苗促花技术水平高。草莓栽培采用不同品种和相应栽培方式，基本上能够周年生产。

目前世界草莓生产发展总的趋势是在种植面积保持稳定的情况下，努力提高单位面积产量，使总产量不断增加，并加快草莓品种更新步伐，逐步实现绿色高品质草莓生产。主要表现为：

（1）种植智能化、机械化。近年来，随着人工智能、大数据、云计算及机器人技术在草莓生产中的应用，草莓生产将逐步趋于智能化和机械化，未来这些领域的更多技术手段将用于草莓生产中，例如，德国、日本研发的草莓果实色选采摘系统、草莓种苗高温喷雾杀菌系统等，极大地降低了劳动力成本、减少了农药的使用。日本最新研发的利用蒸热喷雾防治草莓病虫害技术，在处理箱内，当湿度达到100%时，在50℃下处理钵栽草莓苗10分钟（但整个过程需要1小时左右），可有效防除白粉病、蚜虫、红蜘蛛等，该技术被评为日本农业新技术十大新闻之一。

（2）果品绿色化、有机化。随着人们生活水平的不断提高，人们对食品品质和安全性的要求也越来越高。草莓作为一种不耐运输、不耐清洗的水果，在鲜食、加工的过程中都要保证安全、无污染，世界各国相继出台有机食品生产和检测标准，未来生产将逐步趋向绿色化和有机化。例如，2020 年 2—7 月在美国纽约超市销售的有机草莓比普通草莓价格高，但有机草莓仍然供不应求。同时，为了适应大规模生产、适应不同地区的气候类型，以及满足人们对草莓品质的要求，将会开发出果实商品性状更加优良、更适合不同产地的草莓新品种。

（3）生产标准化、精细化。对于部分发展中国家来说，优质的草莓种苗、优良的草莓品种，是草莓产量和品质的关键，未来的一段时间内仍需大力推广草莓标准化种植技术，结合地理及气候条件，对草莓产地进行区域划分，建立草莓生产标准化制度，提高草莓品质。同时延长草莓产业链，开发草莓精深加工的功能性产品，如开发富含维生素 C、鞣花酸、多酚类物质的产品，以提高机体免疫力、防癌、促进消化吸收等，也将是今后草莓发展的一个重要趋势。

第二节　中国草莓产业发展现状

2.1　中国草莓产业现状

20 世纪 90 年代中期至今，随着改革开放政策的进一步实施，我国的草莓产业迅速发展。根据联合国粮食及农业组织（FAO）统计数据显示，20 世纪 90 年代初期，我国草莓产量不足 0.5 万吨；而到了 20 世纪 90 年代中期，我国的草莓产量已经逼近 80 万吨，更于 1998 年突破 100 万吨；自 2007 年起，我国草莓栽培面积和产量长期稳居世界第一位。2011—2020年，栽培面积年均增长4.95%，产量年均增长5.18%。2019年中国草莓的播种面积为189.20万亩，在全球占比为31.82%，草莓总产量为296.43万吨，占全球草莓总产量的35.6%。据FAO统计的最新数据显示，2022年，中国草莓种植面积为190.94万亩，比排名全球第二位的俄罗斯（57.79万亩）高出133.15万亩；产量为336.4万吨，较排名全球第二位的美国（126.19万吨）高出210.21万吨。

近年来，我国草莓行业得到了政策的积极支持，旨在促进草莓产业的健康发展。广西壮族自治区人民政府发布的《关于印发广西推进水果产业高质量发展实施方案的通知》明确提出了到2025年全区水果种植面积适度压缩、产量稳定增长的目标，并对草莓等水果的种植结构和产量做出了具体规划。农业农村部发布的《关于加快推进农产品初加工机械化高质量发展的意见》则强调了农产品初加工机械化率的重要性，这对于提高草莓加工效率和质量具有重要意义。同时，《农产品质量安全信息化追溯管理办法（试行）》及配套制度的实施，有助于提升草莓质量安全水平，保障公众消费安全。此外，交通运输部等八部门联合发布的《2024年综合运输春运服务保障和安全生产总体方案》提出了加强部门协同联动，确保草莓等民生物资的运输需求得到满足。山西省人民政府发布的《关于印发山西省加快内外贸一体化发展若干措施的通知》则支持建设水果集散中心，有助于推动草莓等水果的内外贸一体化发展。

经过几十年发展，我国已经形成东北、黄淮河、长江中下游、西南和华南五大草莓主产区。

东北产区主要集中在辽宁，丹东草莓是全国农产品地理标志产品。2018年辽宁草莓产量占全国产量的13%，是全国第三大草莓主产省。在东北产区，草莓以大棚半促成栽培、冬季加温日光温室栽培和夏季露地栽培为主，主要品种以日系草莓的红颜、章姬等为主。

黄淮河产区是我国最主要的草莓生产区之一，山东、河南、河北草莓总产量约占全国的35%。该区域夏季高温多雨、冬季寒冷干燥，草莓以冬季日光温室栽培为主，品种以日系草莓的红颜、章姬，美系草莓的甜查理为主。

长江中下游产区包括江苏、安徽、湖南、湖北、上海等地，属亚热带季风气候区，夏季高温多雨，冬季温和少雨，一般种植冬草莓，采用大棚半促成栽培方式。长江中下游产区草莓年产量约占全国的36%，江苏是仅次于山东的第二大草莓主产省，湖南、湖北是我国草莓产量增长最快的省份，年均增长率在20%左右。

西南产区是我国新兴的草莓产区，年产量约占全国的7%。西南产区包括四川盆地和云贵高原两个分产区。四川盆地冬暖夏热，草莓种植一般采取冬季露地栽培模式。云贵高原地区冬季温暖、夏季凉爽，可全年露地栽培，是我国最大的夏草莓主产区，主要种植品种有蒙特瑞、波特拉、圣安德瑞斯、阿尔比等。

华南产区包括广东、广西、福建、海南等地，产量约占全国的2.7%。该区域夏季高温多雨、冬季温和干燥，1月平均气温在10℃左右，主要种植冬草莓，以露地栽培或避雨栽培为主。

通过对近年各省（自治区、直辖市）草莓产量的分析，可以发现我国草莓产业分布的趋势：一是温和冷凉地区成为草莓新兴产区，云南、宁夏、吉林、新疆等地气候适宜、生态环境好，近年来草莓栽培面积和产量都有大幅增长，尤其是夏秋草莓生产满足了国内淡季市场需求；二是向人口密集、经济发达的区域集中，京津冀、长三角、珠三角地区是我国草莓主产区，也是草莓发展较快的区域，河北、江苏、广东等地草莓产量年均增长率都在9%以上。

据2022年国家统计局数据显示，全国31个省（自治区、直辖市）均涉及草莓的规模化生产，其中，江苏、山东、安徽、辽宁、河南、河北、四川、云南、浙江、湖北的草莓种植面积位列前十，合计超过全国草莓种植总面积的五分之四（80.43%），产量合计也在全国草莓产量的五分之四以上（87.48%）。山东省临沂市、辽宁省丹东市、安徽省长丰县、江苏省徐州市、云南省昆明市等市县都以大面积种植草莓而闻名。

我国草莓品种以国外引进品种为主，自主培育的品种少。我国栽培的草莓品种90%以上引自国外，国内自育品种市场占有率不到10%。目前国内栽培的草莓品种主要有引自日本的红颜、章姬、丰香、枥乙女、弥生姬等，引自美国的甜查理、卡姆罗莎、全明星、草莓王子、哈尼等，引自欧洲的杜克拉、图德拉、安娜、戈雷拉等，中国自主培育的草莓品种有红袖添香、小白草莓、红实美等。日系草莓的红颜、章姬等外观好、糖度高、风味佳，是近年来鲜食草莓的主力品种。

我国草莓以满足国内消费需求为主，进出口量很小，且呈现进口增加、出口减少的趋势。2021年我国共进口草莓及草莓制品3.79万吨，其中96.51%是冷冻草莓，进口总金额4.24亿元，主要进口自摩洛哥、智利、波兰、突尼斯等国（图1–4）。2017—2021年，我国草莓进口金额增长了近3倍。但草莓进口量仅占我国草莓产量的1%，且进口的草莓主要用于加工，对我国鲜食草莓市场不构成影响。

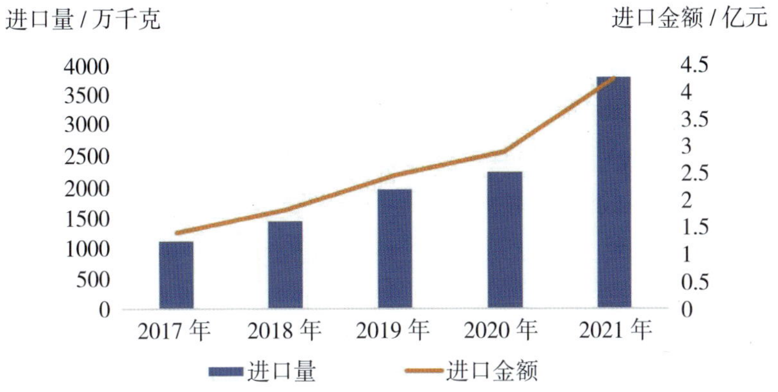

图 1-4 2017—2021 年我国草莓及草莓制品进口量与进口金额

2021 年，我国草莓及草莓制品出口 6070 万千克，约占国内草莓总产量的 1.8%，出口总金额 8.6 亿元，主要出口国有日本、韩国、泰国等国家(图 1-5)。草莓出口以冷冻草莓为主，占比 78.34%，鲜食草莓仅占 4.90%。由于国内市场需求旺盛，我国草莓出口总体呈下降趋势。2017—2021 年，我国草莓及草莓制品出口量减少了 35.89%，占国内草莓总产量的比重从 3.3% 降到 1.8%。

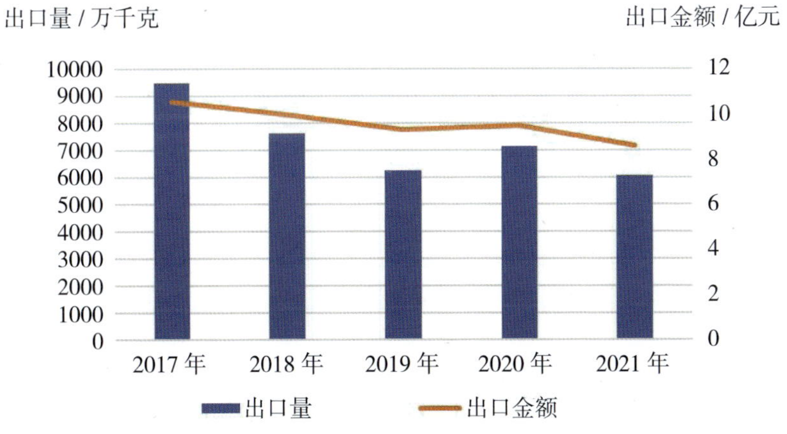

图 1-5 2017—2021 年我国草莓及草莓制品出口量与出口金额

我国草莓消费总量大，人均消费量仍有增长空间。我国是世界上最大的草莓消费国，草莓消费量增长也迅速。我国草莓消费量约占世界总消费量的40%。2011—2018年，我国草莓消费量年均增长约9%，仅次于墨西哥和埃及。2018年，我国人均草莓消费量2.19千克，高于世界平均水平（每年人均消费量1.23千克），但低于美国（4.5千克/人）、土耳其（5.2千克/人）、埃及（4.9千克/人）等国家的消费水平。

我国草莓消费以鲜食为主，产销方式单一。目前，我国草莓消费90%以上为鲜食消费，不到10%的草莓可加工制成草莓酱、草莓酒、草莓汁以及草莓罐头等产品。鲜食草莓的主要流通模式有“产地—超市—消费者”“产地—批发市场—零售终端—消费者”“草莓种植户—消费者”“产地—电商平台—消费者”等。农产品批发市场目前仍是我国大宗商品草莓流通的主要方式。

未来我国草莓消费市场仍将增长，中高档草莓将成为消费趋势。草莓不耐运输储存、时令性强、价格较高，因此，影响我国草莓消费需求的因素有冷链运输技术、流通模式、居民收入水平等。2021年，我国人均GDP达到8.1万元，步入中高收入国家行列，但我国人均GDP在全球仅排在80名左右，远低于美国、日本、法国、德国等发达国家。根据发达国家发展经验，随着国民可支配收入增加，我国草莓人均消费量仍将继续增长，对草莓及草莓制品的总需求仍有很大增长空间。随着草莓新品种、新技术的应用，有机草莓、新奇特草莓产业不断扩大，满足消费需求。此外，冷链物流和网络购物平台为生鲜草莓的全国乃至全球销售创造了条件。

2.2　中国草莓产业存在的问题

尽管我国草莓产业发展取得了显著成绩，但与世界先进水平和绿色发展要求相比，还存在一些不容忽视、亟待解决的困难和问题。主要体现在“三低一薄弱”。

（1）国内自育品种市场占有率低。当前我国栽培的草莓品种90%以上引自国外。主栽品种中，大多引自日本和美国。其中，日本的红颜和美国的甜查理两个品种就占我国草莓栽培面积的70%。这两大主力品种确有不错的表现，但它们均于20世纪90年代前后引进，种植年限比较长，已经出现了抗逆性减弱、品质下降等品种退化问题。虽然近年来我国自行培育出一批具有自主知识产权的优新品种，但这些品种的知名度和认可度还比较低，真正具有影响力的品牌还比较少。

（2）脱毒种苗应用率低。草莓属无性繁殖，易受病毒、病菌侵染。经测算，我国每年草莓生产用苗在200亿株以上，其中绝大部分是农户自繁自育。多数采用普通生产苗作母株，育出的种苗根量少、根茎细，容易带毒带病。专家估计，目前草莓生产上种苗平均带毒率在70%以上。采用脱毒苗技术生产成本高，我国脱毒技术、鉴定技术、假植繁育技术还不够完善，脱毒种苗繁育体系也不健全，因此草莓科学化种植水平还比较低。

（3）标准化生产水平低。主要表现在三个方面：①农药使用不规范。目前，由于我国草莓品种性能退化，普遍缺乏抗病能力，因此在生产过程中农药使用次数偏多，且在用药品种选择、用量控制、时间间隔等方面不按标准和规程操作，农药残留超标问题时有发生。②生长调节剂的滥用。正常草莓生产不需要使用生长调节剂，但是近年来一些种植者为了追求草莓果实硕大，在开花结果后多次使用植物生长调节剂。③连作障碍问题日益突出。草莓连续多年种植造成土壤酸化、板结，易导致病毒病、线虫病的发生，特别是设施栽培条件下没有降水淋洗，一些地方土壤 pH 值已降至 5.0 以下，土传性病害偏重发生。

（4）采摘后加工处理相当薄弱。突出表现在加工比例低和冷链运输体系不健全两个方面。我国草莓消费以鲜果为主，草莓酱、草莓酒、草莓汁、草莓罐头等加工产品比例不到 10%。加工品种中 90% 为速冻草莓，年出口量不足 10 万吨。另外，草莓果实相对较软，需要全程冷链运输。目前国内缺乏从产地物流中心至销区储运地的全程冷链储运体系，常规运输不但影响保鲜效果，也制约草莓的运输范围。

第二章　草莓生长习性

第一节　草莓的生物学特征

草莓是多年生草本植物。植株矮小，株高一般为 20 ～ 30 厘米，呈半匍匐或直立丛状生长。一株完整的植株是由根、茎、芽、叶、花、果实、种子等器官组成的。其中茎又由新茎、根状茎和匍匐茎组成。

1.1　根

草莓根系是由不定根组成的须根，须根只着生在短缩茎上，无主侧根之分（图 2-1）。主要分布在表层土壤中，具有固定草莓植株，从土壤中吸收水分、养分供植株生长的功能。一般健壮的植株可发生 20 ～ 50 条初生根，多的可发生 100 条以上。草莓的根系在土壤中分布很浅，一般分布在距地表 20 厘米深的表土层内。其新根为白色，随着根的老化，颜色由白色转为褐色，最后变黑枯死，初生根的寿命一般为一年左右。草莓植株根系一年内有 2 ～ 3 次生长高峰，早春当地温上升到 2 ～ 5℃或距地表 10 厘米深的土层地温稳定在 1 ～ 2℃时，根开始生长，此时主要是上一年秋季发出的白色越冬根进行生长，根系生长要比地上部分早生长 10 天左右，为第一次生长高峰。7 月上中旬正值高温和长日照时期，此时有利于草莓的营养生长，在草莓的腋芽处会萌发大量的匍匐茎，新茎基部也会发生许多新根系，这是根系生长的第二次高峰。9月下旬至越冬前，由于叶片养分回流运转及土温降低，营养大量积累并贮藏于茎内，此次为根系的第三次生长高峰。地上部生长高峰与根系生长高峰呈相反趋势。萌芽至初花期时，地上部分生长缓慢，地下部分越冬根生长迅速，新根大量发生。随着地上部分展叶、开花与坐果，地上部分对水分和养分的需求增加，根系生长缓慢。到果实膨大期部分根就会枯竭死亡。草莓的根系与植株上的叶、花、果之间存在密切的关系。

图 2–1　草莓的根

1.2 茎

草莓的茎（图 2–2）可分为新茎、根状茎、匍匐茎。

新茎：草莓植株生长的中心轴为短缩茎，当年萌发的短缩茎叫新茎。其部位呈弓背形，花序均抽生在弓背的方向。新茎是草莓生根、长茎、发叶、形成花序的重要器官。草莓上轮生着具有叶柄的叶片，叶腋处有腋芽。腋芽具有早熟性，温度高时萌发成匍匐茎，温度较低时萌发成新茎分枝，有的不萌发成为隐芽。当地上部分受损伤时，隐芽萌发成新茎分枝或匍匐茎。新茎的顶芽到秋季可形成混合花芽，成为主茎上的第一花序。新茎上着生多数叶片，基部可发生无数个不定根，新茎分枝发生的数量，在不同品种间差异较大。

根状茎：草莓植株多年生的短缩茎称为根状茎。在第二年，当新茎上的叶全部枯死脱落后，变成形似根的地下茎，它是一种具有节和轮的地下茎，是贮藏营养物质的器官。二年生的根状茎，常在新茎基部发生大量不定根。三年以上的根状茎分生组织不发达，极少发生不定根，并从下部逐渐衰亡。从外观形态上看，先变褐色，再转变为黑色，其根系随即死亡。因此根状茎越老，其地上部及根系生长越差。

匍匐茎：草莓的匍匐茎是由新茎的腋芽萌发形成的特殊的地上茎，茎细，节间长，它具有繁殖能力。草莓的匍匐茎一般在坐果后期开始抽生，在花序下部的新茎叶腋处先产生叶片，然后出现第一个匍匐茎，开始向上生长，长到叶片高度时，逐渐由株丛少而光照充足的地方，沿着地面匍匐生长。多数品种的匍匐茎，首先在第二节处向上发出新叶，向下形成不定根。如果土壤湿润，不定根向下扎入土中后，即长成一株匍匐茎苗。一般 2 ～ 3 周匍匐茎苗即可成活，随后在第四节、第六节、第八节等偶数节上发出匍匐茎苗。

图 2-2　草莓的茎

1.3　芽

草莓的生长点在生育前期是形成叶，待条件具备以后就能形成花芽。叶芽呈圆锥形，花芽的生长点从一开始便是圆而肥大的，其先端略平，呈肥厚形态，在立体显微镜下，从芽形成的开始就能区别开来。花芽一旦形成，在发育过程中，不能逆转为叶芽。只是在受到芽线虫危害时，被线虫侵入的生长点就不能形成花芽了。草莓花芽是在短缩茎先端生长点上形成的，由此分化为草莓的顶花序，即第一花序，而腋芽也能相继在生长点上形成花芽。

顶芽形成花芽以后，在这里便不再形成叶芽，恰如番茄一样，成为自然封顶形，顶花序形成后，腋芽便开始活跃起来，同样是长出几片叶以后，生长点即形成花芽，其叶腋也相继长出花芽，由于顶花序是自然封顶的，所以从叶腋生出来的顶芽也全都是花芽。但是腋芽的发生情况因品种、栽培方式、植株营养条件不同，不尽相同，有的是叶芽，有的变成匍匐茎。腋花序中发出最早、生长最旺的以第二、第三花序居多，从植株上看，这两个花序正好从两边把顶花序夹在中间。

1.4　叶

草莓的叶（图 2–3）为三出复叶，叶柄细长，一般为 10 ～ 28 厘米，叶柄上多生茸毛，叶柄基部与新茎相连的部位有对生的 2 片托叶，有些品种叶柄中下部有 2 片耳叶，叶柄顶端着生 3 片小叶，两边小叶对称，中间小叶形状规则，有圆形（长宽基本相等）、椭圆形（长比宽大）、长椭圆形（长明显大于宽）、菱形（叶边缘中部有明显的角，尖部叶缘直）等形状，颜色由黄绿色到蓝绿色，叶缘有锯齿，缺刻数为 12 ～ 24 个。一般从坐果到采果前叶片形状比较典型，能充分反映其品种特性。

图 2–3　草莓的叶

从叶的解剖结构看，叶柄的纵向疏导组织发达，木质部导管多于韧皮部筛管，有利于水分输导。叶片由上表皮、下表皮及叶肉组成，表皮上有表皮毛和气孔。叶肉上表皮处有栅栏组织，有许多叶绿体分布其中，栅栏组织下为海绵组织，细胞间隙较大，在气孔内有较大的孔下室。叶片具有三大作用，即蒸腾作用、呼吸作用和光合作用。蒸腾作用可以调节 90% 的水分在植物体内保持平衡和运转。草莓的叶片呈螺旋状排列在节间极短的新茎上，叶序为 2/5，新叶开始由 3 片卷叠在一起。一般一年可以长出 20 ～ 30 片复叶。在 20℃的条件下，每隔 8 ～ 10 天长出 1 片新叶，新叶展开后约 2 周成为成龄叶。约 30 天达到最大叶面积，其寿命平均 60 ～ 80 天，其中有效叶龄为 30 ～ 60 天。秋季长出的叶片有些寿命可维持 200 天左右。生长期间，每株草莓有 6 ～ 8 片功能叶，从心叶向外数第 3 ～ 5 片叶光合效率最高。第 7 片以外的叶，叶龄超过 60 天，光合效率明显下降。生产上，在开花结果期要维持一定数量的功能叶，并定期摘除老叶、病叶，以减少养分的消耗和病害的传播。

1.5 花

大多数草莓品种的花为完全花，自花能结果（图 2–4）。

图 2–4 草莓的花

草莓花及花序构造：草莓的完全花由花柄、花托、萼片、雄蕊和雌蕊等几部分组成。顶端的膨大部分呈圆锥形，肉质化，其上着生花瓣、萼片、雄蕊和雌蕊。花瓣的颜色有白色、红色、黄色等，花瓣5～6枚。萼片10枚以上，不同的品种，萼片有向内和向外翻卷的特性。雄蕊30～40个，花药纵裂，雌蕊有200～400个，离生，呈螺旋状整齐地排列在凸起的花托上。

草莓的花通常为二歧聚伞花序或多歧聚伞花序。花轴顶端发育成花后停止生长，为一级花序；在这花苞间生出两个等长的花柄，形成二级花序。依次类推，形成三级、四级花序。

当外界温度在10℃以上时，草莓开始开花。开花时首先是萼片绽开，花瓣同时展开，然后花药开裂，花粉落到雌蕊柱头上，此时的温度直接影响花药开裂，花药开裂的适宜温度为13.8～20.6℃，花粉发芽的适宜温度为25～27℃，花期湿度在40%左右有利于花粉发芽。花粉在开花后2～3天内生命力最强。

1.6　果实

草莓的果实（图2–5）是由花托膨大形成的，在植物学上叫聚合果，在栽培学上叫浆果。果实由外部的皮层和内部的肉质髓组成。髓部有维管束与嵌在皮层中的种子相连。

草莓的果实成熟所需的天数，因品种、栽培方式和气候条件不同而有差异。即使是同一品种，同一栽培方式，因开花早晚不同，成熟的时间也不同。从开花到成熟所需的天数，虽因品种不同有些差异，但一般来说，冬天成熟得慢，通常为50～60天，秋天和早春可缩短到45天左右，而春末夏初露地栽培，在适温下开花后30～35天即可成熟。

草莓果实的形状与遗传有很大关系，但也受气候的影响。其果形有扁圆球形、圆球形、圆锥形、短圆锥形、长圆锥形、楔形、双圆锥形、圆柱形、卵形等。

图 2-5　草莓的果实

草莓果实从幼果到成熟不仅果实由小变大，而且其内含物和外表都在进行着复杂的变化。首先幼果是绿色的，经过一段时间生长发育后由绿变白，然后变成红色。大部分品种是阳面先着色，背阴面后着色，进一步变成深红色。

草莓果实的红色源于花青苷的合成与呈现。色素被果实中的酸性溶液溶解而使果实变成红色。不同的品种果皮和果肉的颜色有深浅的不同，是因为每个品种含有的色素量不同，这也是区分不同品种特征的依据。

1.7 种子

草莓的种子呈螺旋状排列在果肉上，在植物学上称为瘦果。种子长圆形，颜色为黄色、黄红色或黄绿色。不同品种的种子在浆果表面嵌生的深度也不一样，或与果面平齐，或凸出果面，种子凸出果面的一般耐贮运。浆果上种子越多，分布越均匀，果实发育越好。如果浆果某一侧种子发育不良，就会导致浆果畸形。

第二节　物　候　期

一年中，草莓植株的生长发育随着季节而变化，其外部形态和内部生理生化特性发生显著变化，并且每个时期的生长发育都有其侧重点，这种与季节性变化相吻合的时期称为物候期。草莓的物候期可大致分为生长期和休眠期。生长期是指从春季生长开始到秋季休眠时结束。休眠期是指从秋季休眠开始到来年萌芽时为止。草莓的物候期可细分为如下几个时期。

2.1 开始生长期

早春，地下部分根系首先活动，地上部分开始萌芽，花蕾陆续出现。当温度稳定在 2 ~ 5℃时，草莓根系开始活动。随着地温的升高，逐渐发出新根。当温度升至 5℃时，根系生长 1 周后，地上部分才开始萌芽，并逐渐抽出新叶。采用地膜覆盖的草莓，一部分叶片在越冬时被冻死；另一部分叶片越冬后仍保持绿色，这些绿叶可进行光合作用，为早期的生长发育提供养分，随着新叶陆续长出，老叶逐渐枯死。

草莓早春的生长发育主要依靠根状茎和根中贮藏的养分。因此，加强上一年秋季的管理，增加植株的贮藏养分对草莓早春的生长发育起到十分重要的作用。同时也要注意早春的田间管理，及时清除防寒物。不同地区草莓生长开始的时间不同，江南地区为 2 月下旬，华北地区为 3 月上旬，东北地区为 3 月下旬至 4 月下旬。

2.2 开花结果期

地上部分生长约一个月后，出现花茎，随着花茎的发育，花序梗伸长，露出整个花序。从花蕾显现到第一朵花开放大约需要半个月的时间，从开花到浆果成熟大约需要一个月的时间。开花期根系生长缓慢，地上部分叶片数和叶面积迅速增加，光合作用能力增强，叶片制造的养分几乎全部供给开花结果用。此期可通过疏除无效花蕾来促进果实发育。

2.3 营养旺盛生长期

一般 6—9 月，草莓果实采收后，在长日照和高温条件下，植株开始旺盛生长，腋芽萌发产生大量的匍匐茎，并按一定顺序向上长叶，向下扎根，形成新的幼苗，少数腋芽形成新茎分枝，新茎基部相继发根成苗。此时也是育苗的季节。

2.4 花芽分化期

草莓经过旺盛生长后，在秋季开始花芽分化，一般在较低温度（平均气温 23℃以下）和短日照（日照 10 ～ 12 小时）的条件下，经 10 ～ 15 天的诱导开始花芽分化。低温对形成花芽的影响较短日照更为重要。过低温度（5℃以下）会使花芽分化停止，过高温度则使花芽分化不能进行。而第二花序（侧花芽）的花芽分化是在顶花芽分化完成后的 25 ～ 30 天才开始，顶花芽从开始分化到花器官形成需要 1 个月左右的时间，自然条件下从顶花序开始分化到第四花序分化完成需要 9 个月的时间，其中 12 月至翌年 2 月的冬季花芽发育缓慢。促成栽培中除温度、日照影响花芽分化外，植株本身的营养状态（特别是碳素营养和氮素营养）也影响花芽分化的时间，生长势中等的植株比生长势旺盛的植株花芽分化早，含氮高的植株比含氮低的植株花芽分化期推迟 7 ～ 10 天。

为了促进花芽分化，生产上常用断根、假植（8 月下旬至 9 月上旬）和搭设遮雨棚等方法控制植株的水分和含氮量，提高幼苗的质量。通过遮光、高山育苗、低温、夜冷处理等方法，可控制日照和温度，满足草莓对短日照和低温的要求，达到促进花芽提前分化和发育的目的。

2.5　休眠期

在露地自然条件下，草莓进入日照短、温度低的秋季，新叶变小，叶柄、叶身变短，匍匐茎发生逐渐停止，整个植株呈矮化状态，此状态经过冬季一直持续到温度回升的春天，即草莓休眠期。

草莓的休眠可分为两个阶段，即自然休眠和被迫休眠。自然休眠时草莓植株需要一定的低温积累（即需冷量），如不满足其低温要求，即使在合适的环境条件下，也不能正常生长发育，矮化状态不能解除。被迫休眠是草莓需冷量已经满足，但由于不适宜的环境条件导致植株不能进行发育而呈被迫休眠状态。

草莓开始休眠的时间因不同地区、不同品种而有所差异，一般为 9 月下旬至 10 月中旬，11 月休眠最深。品种间休眠的深浅都存在差异，通常以自然休眠所需 5℃以下低温的积累量（低温需求量）来衡量。低温需求量在 100 小时以下的品种为浅休眠品种（短低温品种），100 ～ 400 小时为中等休眠品种，400 小时以上为深休眠品种。

在草莓设施栽培中，栽培者可以将草莓按照南北朝向栽种，这样就能自然采光，使植株在经过一定程度低温后解除休眠。生产中，在露膜后的两周内喷施 2 次（间隔 7 天）8 ～ 10 毫克 / 升的赤霉素，每次每株 5 毫升，可有效地抑制草莓休眠。

草莓花芽分化后，如果环境条件适合草莓植株的生长，可以不进入休眠状态，继续生长发育并开花结果。我国江南地区保护地栽培时，在 10 月中下旬（10℃时）将晶瑶、丰香、章姬、法拉地等浅休眠品种提早覆膜、保温，2 ～ 3 天内昼温达 30℃，以后保持温度为 25℃、湿度为 40% ～ 60%，可达到防止植株进入休眠状态、提早采收的目的。

第三节　草莓对环境条件的要求

草莓的正常生长发育与环境条件密切相关。土壤、水分、温度、光照等是草莓栽培中必须考虑的主要因素。

3.1　土壤

草莓对土壤适应性较强，在我国南方，壤土、沙土和黏土里都能长出很好的草莓。但是草莓更适合栽植在土壤肥沃、保水保肥能力强、透水通气性好、质地疏松的土壤上。

草莓最适合的土壤酸碱度（pH 值）为 5.7 ～ 6.5。土壤的 pH 值为 5.0 ～ 8.0 时，草莓的根系及地上部分长势良好；pH 值小于 4.0

或大于 8.5 时，会出现生长障碍。草莓的根系在酸性土壤中表现出短粗弯曲、先端发黑、侧根萌发少、根系吸收作用受阻。草莓对碱性土壤很敏感，在无灌溉条件的干旱地区不宜种植草莓。

3.2　水分

草莓植株的根系很浅，大多分布在距地表 20 厘米深的土层里，加上叶片较多，蒸腾量大，在整个生长期中新老叶片不断进行更替，而且还要大量发生匍匐茎、新茎和发育果实，因此，草莓需要的水分是比较高的。草莓植株不但对土壤里的水分含量要求高，而且对空气中的水分含量要求也较高。

草莓在不同的发育生长阶段对水分的要求是不一样的。在秋季定植苗时，要供应充足的水分，保持土壤湿润。花芽分化期适当减少水分。营养旺盛生长期以保持田间持水量在 60%～65% 为宜，促进花芽的形成。开花结果期保持田间持水量在 70%～80% 为宜，主要是促进果实着色，保证果实的品质。但是，果实接近成熟时要注意控水，以保证果实的糖分和硬度。入冬前，灌足封冻水是有利于草莓苗安全过冬的一项重要措施。水分管理是草莓生长管理中重要的环节，忽略某一个环节的水分管理，都能给草莓生长发育带来不利影响。

草莓喜湿而不耐涝，一般小水勤施，若土壤中水分过多会导致通气不良而缺氧，根系就会加快衰老死亡，影响地上部的生长发育。因此，草莓田地不宜灌太多的水，下过大雨后要注意做好排水工作。

3.3　温度

草莓对温度很敏感。它虽然喜欢温暖的气候，但也不抗高温，尤其在育苗期；虽有耐寒能力，但不抗严寒，表现在生殖生长期

（开花、结果）。草莓植株生长的适宜温度为 15 ～ 24℃，温度降至 –5℃时出现冻花现象，–7℃以下时会造成冻果、冻根。

草莓在生长过程中，温度对草莓的每个生长器官都有直接的影响。根系在 2℃时便开始活动，10℃时加快生长，并不断发生新的不定根，这时新根的生长量最大。植株在 5℃时开始萌芽，茎叶开始生长，至 15℃时生长加快。草莓生长发育及光合作用的适宜温度为 20 ～ 25℃。25℃以上时生长缓慢，30℃以上时生长和光合作用便受到抑制。低于 5℃时地上部分便停止生长，叶子可以完全保留，可进行一般的光合作用。花芽分化要求气温不能低于 5℃，但必须低于 17℃，这样才能正常进行花芽分化。花芽分化的适宜温度为 9 ～ 17℃，低于 –10℃时花芽就会发生冻害，低于 –20℃就会冻死。草莓一般在平均温度达到 10℃以上时开始开花，花药开裂的临界温度为 11.7℃。花蕾抽生后遇到 30℃以上的高温，花粉会发育不良，45℃时抑制花粉发芽，花粉发芽的适宜温度为 25 ～ 27℃。花期低于 0℃或高于 40℃都会阻碍授粉受精过程，影响种子的发育，导致畸形果。

3.4　光照

草莓是喜光植物，但比较耐阴。光照充足时，草莓植株的叶片的光合作用强，且植株生长旺盛，叶色深，花芽发育好，对产出较高品质的果实有很大的作用。光照不足时，光合作用弱，植株长势弱，叶柄和花序梗细，叶色淡，花朵小，有的甚至不开花，果实也小，产出的果实品质比较差。草莓的光饱和点为 2 万～ 3 万勒克斯，比其他果菜类要低得多，因此，草莓种植不宜过密，一定要合理栽植。促成栽培时，在冬季开花就很容易出现光照不足的情况，必要时增设电灯增温补光，促进开花结果。

光周期的长短对草莓的生长发育起着很重要的作用。南方种植的品种属于短日照品种，对光照的长短不是很敏感，在各种日照长度条件下，都能开花结果。

草莓不同生长发育时期对光照条件的要求不同。在开花结果期和营养旺盛生长期，适宜 12 ～ 15 小时的长日照，在花芽分化期要求 10 ～ 12 小时的短日照和较低的温度。16 小时以上的日照下生长旺盛，但是不能形成花芽，甚至不能开花结果。草莓在花芽分化前经受短日照，在花芽分化后经受长日照处理，能促进花芽的发育和开花。

3.5　气体

氧气和二氧化碳在草莓设施栽培中显得特别重要。二氧化碳是光合作用的原料，当二氧化碳浓度为 0.036％时，光饱和点为 2 万～ 3 万勒克斯。若将二氧化碳浓度增至 0.08％时 ,6 万勒克斯的光照强度也未达到光饱和点。因此，对大棚草莓补施二氧化碳，可使草莓叶片明显增厚，叶色浓绿，果实增大，提前成熟，能增产 15% ～ 20%。

第三章　草莓优良品种

第一节　国外草莓品种

世界草莓属植物约24个种，主要分布在亚洲、欧洲和美洲。这24个种中，只有八倍体的凤梨草莓为现代栽培草莓，其他均为野生草莓种。这24个种包括12个二倍体种：森林草莓、黄毛草莓、绿色草莓、裂萼草莓、西藏草莓、五叶草莓、东北草莓、中国草莓、日本草莓、饭沼草莓、两季草莓、布哈拉草莓；5个四倍体种：东方草莓、西南草莓、伞房草莓、纤细草莓、高原草莓；1个五倍体种：布氏草莓；1个六倍体种：麝香草莓；3个八倍体种：智利草莓、弗州草莓、凤梨草莓；2个十倍体种：择捉草莓、瀑布草莓。其中，中国草莓、两季草莓、布哈拉草莓、高原草莓、瀑布草莓是最近几年报道的新种类。

现在世界各地广泛栽培的草莓为大果凤梨草莓，它是高度杂合的八倍体，起源于两个美洲种弗州草莓和智利草莓的偶然杂交，于1750年诞生于法国，距今仅有275年历史。经过育种学家的不断选育，目前草莓栽培品种已有3000多个。各国的研究机构仍在不断地培育新的优良品种，用以提高栽培的经济效益，尽管栽培品种数目繁多，但就一个国家、一个地区来讲，实用的栽培品种数目并不多。例如，美国加利福尼亚州草莓的主栽品种只有 6 ～ 8 个，日本各地的主栽品种也不过 10 个左右。生产上，更注重品种的适应性和专用性。为适应人们的消费习惯和消费心理，一些新培育的品种果形大、色泽鲜红光亮、耐贮运性好、香味浓，不断取代老的品种。

1.1 日本品种

1.1.1 丰香

日本农林水产省以绯美子杂交春香育成的早熟品种，1987 年引入我国。植株健壮，株态开张，不抗白粉病。叶片肥大，椭圆形，浓绿色，叶柄上有钟形耳叶。花序较直立。果实圆锥形，果面有棱沟，鲜红艳丽；肉质细软、致密，口味香甜；可溶性固形物含量 9% ～ 11%；硬度和耐贮运性中等。第一级序果平均重 32 克，最大单果重 65 克，亩产 1.5 ～ 2 吨。休眠浅，适宜温室和早春大棚栽培，每亩定植 8000 ～ 9000 株，注意防治白粉病。

1.1.2 枥乙女

日本用母本久留米 49 号与父本枥峰杂交选育而成，1996 年注册，1998 年引入我国。植株生长旺盛，较抗白粉病。叶色浓绿，叶片肥厚。花量大小中等。果实圆锥形，果面鲜红色，大小较均匀；肉质淡红色，髓心小，口味香甜；可溶性固形物含量 9% ～ 11%；硬度大，耐贮运性强。第一级序果平均重 30 ～ 40 克，亩产 2 吨左右。休眠浅，适宜温室栽培，每亩定植 9000 株。

1.1.3 鬼怒甘

日本从女峰品种变异株中选育而成的早熟品种，1992 年品种登记，1996 年引入我国。长势旺盛，株态直立，繁殖力强，耐高温，抗病能力中等。叶片长椭圆形。花蕾量中等，花柄粗长。果实圆锥形，果面橙红色，种子凹陷于果面；果肉淡红色，口味香甜；可溶性固形物含量 9% ～ 10%；硬度中等。第一级序果平均重 35 克左右，最大单果重 70 多克，亩产 2 吨左右。休眠浅，适宜温室栽培，每亩定植 8000 ～ 9000 株，应增施农家肥满足其喜肥需求。

1.1.4　幸香

日本中早熟品种。植株健壮。叶片较小，呈椭圆形，浓绿色。花量多。果实圆锥形，大小均匀，果面鲜红色；口味香甜；硬度大。第一级序果平均重 35 克左右，亩产 2 吨左右。适宜温室栽培，每亩定植 9000 ～ 11000 株，注意防治白粉病。

1.1.5　红颜

日本通过章姬与幸香杂交育成的早熟优良品种。2007 年引进的日本红颜草莓，经过多年、多点的品种比较和区域试验选育而成。红颜草莓具有生长适应能力强、休眠浅、自然坐果能力强、果形大、品质优秀等特点。果肉红色，髓心小或无，果肉较细，甜酸适口，香气浓郁；可溶性固形物含量 11.8%。第一级序果平均重量约为 26 克，最大单果重可达 50 克以上。秋季 9 月底定植，当年 12 月中下旬即可上市销售，采收期管理措施得当可持续到翌年 6 月，产量稳定且经济效益好。每亩定植 7000 ～ 8000 株，注意防治炭疽病和灰霉病。

1.1.6　女峰

日本中早熟品种。植株直立，生长势强，匍匐茎抽生能力强。叶片大而浓绿。果实圆锥形，果面鲜红色，果形整齐，果面有光泽，种子与果面平齐；果肉淡红色，酸甜适口，有香味；硬度大，较耐贮运，为优良鲜食品种。第一级序果平均重 20 克，最大单果重 30 克左右。休眠浅，适宜温室栽培，每亩定植 8000 ～ 9000 株，注意防治螨类虫害。

1.1.7　章姬

日本早熟品种，由久能早生与女峰杂交育成。果实长圆锥形、淡红色，果大、畸形少；口味香甜，果色艳丽美观，柔软多汁；可溶性固形物含量 9% ～ 14%。第一级序果平均重 40 克，最大单果重 130 克，亩产 2 吨以上。休眠浅，适宜温室栽培，每亩定植 8000 ～ 9000 株。

1.1.8　宝交早生

日本中早熟品种。植株长势旺，姿态开张，繁殖力强。叶片椭圆呈匙形。果实圆锥形，种子红色或黄色，多凹于果面；果肉浅橙色，口味香甜；硬度中等，是极佳鲜食品种。第一级序果平均重 31 克左右，亩产可达 2 吨以上。适宜温室和早春大棚栽培，每亩定植 8000 ～ 9000 株。

1.1.9　丽红

日本千叶县农业试验场用春香自交系和福羽杂交育成，1976 年定名，1983 年引入我国。植株生长势强，直立，匍匐茎抽生能力较强。叶片长椭圆形，较大，中等厚，深绿色，春夏季叶色稍带黄，单株叶片 13 ～ 14 片。花序梗粗，直立，低于叶面，单株花序 3 ～ 4 个，每个花序平均 8 朵花。果实圆锥形，果面深红色，光泽强，种子分布均匀，略凹于果面，果皮韧性强；果肉红色，肉质细、致密，汁多，香味浓，髓心橙红色、中等大，空洞小，甜酸适中；可溶性固形物含量 8.6%；硬度较大。第一级序果平均重 15 ～ 18 克，最大单果重 30 克，亩产 1.5 吨以上。休眠中等偏浅，适宜温室或早春大棚栽培，每亩定植 8000 ～ 9000 株，注意防治蚜虫。

1.1.10 红珍珠

日本品种，1999 年引入我国。植株长势旺，株态开张，匍匐茎抽生能力强，耐高温，抗病性中等。叶片肥大直立。花序梗较粗，低于叶面。果实圆锥形，艳红亮丽，种子略凹于果面；果肉淡黄色，汁浓，较软，口味香甜，是上乘品种；可溶性固形物含量 8% ～ 9%。亩产 2 吨左右。休眠浅，适宜温室反季节栽培，每亩定植 8000 ～ 9000 株，注意防治白粉病。

1.1.11 年末早生

日本中早熟品种。植株生长势强，株态开张，叶密度大。叶片椭圆形，叶色浓绿。果实圆锥形，果色亮红；口感细腻，口味香甜；可溶性固形物含量 10.4%，果实硬度 0.4 千克 / 厘米 ^{2}。第一级序果平均重 20 克，最大单果重 52 克，亩产 2 吨左右。每亩定植 10000 株。

1.2 欧美品种

1.2.1 杜克拉

西班牙中早熟品种。植株健壮，繁殖力强，抗病力强。叶片较大，叶色鲜绿。可多次抽生花序，在日光温室中可以从 11 月下旬陆续多次开花结果至翌年 7 月份。果实为长圆锥形或长平楔形，果大，果色深红亮泽；口味酸甜；硬度大，耐贮运。产量高，第一级序果平均重 42 克左右，最大单果重可超过 100 克，亩产 2 吨以上。适宜温室栽培，每亩定植 9000 ～ 11000 株。

1.2.2 图得拉

西班牙中早熟品种。植株长势旺盛，抗逆性较好，繁殖力强。能多次抽生花序。果实长圆锥形，大小均匀，果色深红亮泽；口味酸甜；硬度中等。第一级序果平均重 40 克，最大单果重 98 克，亩产 2 吨左右。适宜温室栽培，每亩定植 9000 ～ 11000 株。

1.2.3　卡尔特 1 号

西班牙中熟品种。植株长势强，繁殖力较弱。叶片较厚，呈椭圆形，叶锯齿浅，浓绿色。果实圆锥形，果面鲜红有光泽；肉质淡黄色，口味芳香馥郁；可溶性固形物含量 7% ～ 9%；硬度中等。第一级序果平均重 35 克左右，最大单果重超过 100 克，亩产 2 吨以上。休眠深，适宜早春大棚生产，温室生产可在休眠至 12 月上旬覆棚膜加温，也可进行露地栽培，每亩定植 9000 株。

1.2.4　艾尔桑塔

荷兰中熟品种。长势旺盛，繁殖力较强。叶片肥厚，叶色浓绿，近圆形。果实短圆锥形，果大且色艳；有细腻髓肉，口味香甜；硬度中等。第一级序果平均重 38 克左右，最大单果重 80 多克，亩产 2 吨以上。适宜早春大棚栽培，每亩定植 9000 株。

1.2.5　哈尼

美国早熟品种。株态半开张，株高中等，株型紧凑，匍匐茎抽生早，繁殖力强，适应性强。叶色浓绿。第一级序果熟期集中，果实大小均匀，果实圆锥形，果面紫红色；肉质鲜红，口味酸甜适中；硬度较大，耐贮运。亩产 2 吨左右，是深加工和速冻出口的极佳品种。适宜各种栽培形式，每亩定植 11000 株。

1.2.6　全明星

美国马里兰州农业试验站以 MDUS4419、MDUS3185 育成的品种。植株生长势强。叶片椭圆形，较厚，叶色深绿。果实圆锥形，果面鲜红色，种子黄色，陷入果面较浅；果肉橘黄色或淡红色，髓心空，味酸甜，有香味，汁多；可溶性固形物含量 6.8%；硬度大，耐贮运。第一级序果平均重 21.3 克，最大单果重 32 克。该品种耐高温、高湿，对枯萎病、白粉病及红中柱根腐病抗性强，对黄萎病也有一定的抗性。丰产性好，亩产 2 吨以上，适宜鲜食或加工。适宜露地和保护地栽培，每亩定植 9000 株。

1.2.7 卡麦罗莎

别名：卡麦若莎、卡姆罗莎、童子一号。美国加利福尼亚州的佛罗里达大学于 20 世纪 90 年代育成的品种，近年引入我国。该品种长势旺盛，株态半开张，匍匐茎抽生能力强，根系发达，抗白粉病和灰霉病。叶片中大，近圆形，叶色浓绿有光泽。果实长圆锥形或楔形，果面光滑平整，种子略凹于果面，果面鲜红并具蜡质光泽；肉质红色，质地细密，口味甜酸；可溶性固形物含量 9% 以上；硬度大，耐运贮。丰产性强，第一级序果平均重 22 克，最大单果重 100 克，可连续结果采收 5 ～ 6 个月，亩产 4 吨左右，为鲜食和深加工兼用品种。休眠浅，适宜温室和露地栽培，每亩定植 10000 ～ 11000 株。

1.2.8 达赛莱克特

法国达鹏种苗公司于 1995 年由派克、爱尔桑塔培育的品种，近年引入我国。植株生长势强，株态较直立，对红蜘蛛抗性差，较抗其他病虫害。叶片多而厚，深绿色。果实长圆锥形，果形整齐，果大且均匀，果面深红色，有光泽；果肉全红，风味浓郁，酸甜适度；可溶性固形物含量 9% ～ 12%；硬度大，耐远距离运输。丰产性好，第一级序果平均重 30 克，最大单果重 90 克。保护地栽培亩产 3.5 吨，露地栽培亩产 2.5 吨。休眠浅，适宜北方露地、温室、拱棚栽培和南方地区栽培，每亩定植 10000 ～ 11000 株，应注重防治螨类危害。

1.2.9 森加森加拉

别名：森加森加纳、森格森格纳、森嘎那、森嘎。德国品种，亲本为 Markee、Sieger，于 20 世纪 80 年代初由沈阳农业大学引入我国。植株长势稳健，株型紧凑。匍匐茎抽生能力强，匍匐茎粗而节间短，茎稍显红色。叶色深绿，叶片中大，椭圆形，平展有光泽。花梗较粗，花序较短，低于叶面。果实近短圆锥形，果面深红色，有光泽，种子分布均匀，与果面平齐；果肉鲜，口味甜酸爽口，果汁多；可溶性固形物含量 7%～9%。第一级序果平均重 16 克，最大单果重 25 克，亩产 2 吨左右，是深加工极佳品种。每亩定植 11000～12000 株。

1.2.10　图得拉

别名：吐德拉、图德拉、土特拉、米塞尔。中早熟品种，由西班牙 Plato 种苗公司育成，亲本是派克、长乐。植株长势稳健，抗逆性较好，繁殖力强，耐高温。能多次抽生花序。果实长圆锥形，果个大而均匀，果色深红亮泽；口味酸甜；硬度中等。第一级序果平均重 40 克，最大单果重 98 克，亩产 2～4 吨。适宜温室栽培，每亩定植 9000～11000 株。

1.2.11　戈雷拉

该品种系荷兰瓦赫宁根园艺植物育种所以 Juspa、US3j 育成的品种。植株矮小而粗壮，生长势强，繁殖力强。叶片厚，椭圆形，深绿色。果实短圆锥形，果面鲜红色，种子黄色，陷入果面较深；果肉橘红色，肉细，髓心小、稍空，果汁较多，口味甜酸适度，有香味；可溶性固形物含量 10%；硬度较差，不耐贮运。第一级序果平均重 22 克，最大单果重 34 克。该品种较丰产，抗逆性较强，叶斑病少，适宜鲜食或加工。休眠中等偏深，适宜露地栽培，每亩定植 9000～10000 株。

1.2.12　达娜

美国早中熟品种，于 1945 年发表，1980 年引入我国。果实圆锥形或楔形，果面红色、光泽强、平整或有少量浅棱沟；果肉红色，髓心中等大、稍空、橙红色，果肉细，甜酸适中，香气浓，汁液多；可溶性固形物含量 8.8%；耐贮运性好。第一级序果平均重 14.1 克，最大单果重 28.5 克。果实外观美，品质较优。

1.2.13 道格拉斯

美国中熟品种，以 (Tioga × Sequoia)、Tufts 育成，于 1979 年发表。引入我国后曾在一些地区试栽，但主要作为资源保存。果实较大，短圆锥形，果形较整齐，果面鲜红色、光泽强、平整；果肉红色，肉质细，髓心粉白色、心空，品质优，酸甜适口，略有香味，汁液多；可溶性固形物含量 8.1%。丰产性中等，平均单株产量 78.2 克。对黄萎病敏感，对红中柱根腐病高度敏感。

第二节 国内草莓品种

中国草莓品种选育开始于 20 世纪 50 年代，前期主要为实生选种，选育出的品种包括紫晶、金红玛、五月香、绿色种子、大四季、沈农 102 等。

20 世纪 80 年代，中国建立了国家草莓种质资源圃，设在北京市农林科学院林业果树研究所和江苏省农业科学院果树研究所内，标志着中国草莓育种工作进入了一个新的阶段。以杂交育种手段为主，先后育成了明晶、明磊、硕丰、硕蜜、硕露、香玉、红露、美珠、长丰、石莓 2 号、石莓 3 号、硕香、申旭 1 号、申旭 2 号、公四莓 1 号等一系列品种。

进入 21 世纪以来，中国草莓育种工作也步入飞速发展期，育种单位多达 30 余家，选育出了越心、艳丽、晶玉、妙香 7 号、京醇香、宁玉、宁丰、紫金香玉等一大批优良品种。其中，2012—2017年共育成草莓品种54个，占中国历年育成品种总数的48.2%。

2.1 晶瑶

由湖北省农业科学院经济作物研究所以幸香为母本、章姬为父本杂交育成的早熟品种，2008年3月通过了湖北省农作物品种审定委员会的审定（编号为鄂审果2008001）。植株极高大，生长势强，抗白粉病能力强。平均株高38.4厘米，冠幅约为40.6厘米×38.4厘米。果实呈略长圆锥形，果面鲜红色，果形整齐，果实个大；肉质细腻，香味浓，口感好；耐贮运。第一级序果平均重29.6克，平均单株产量330克，每亩产量可达2100千克。休眠期短，适合我国大部分地区大棚促成栽培，适宜稀植，大棚促成栽培定植最好在9月上旬，每亩定植6500株。

2.2 明晶

早中熟品种。植株生长势强，株态较直立，抗逆性强，特别是抗寒性较强，同时抗病。果实近圆形，果实大，果面红色，光泽很好，果皮韧性强；果肉红色，致密，髓心小，果汁多，风味酸甜爽口；果实硬度大，耐贮运。产量高，第一级序果平均重27克，露地栽培亩产高达2627千克。适宜露地栽培，适应性强，适宜栽培地区广，每亩定植10000～12000株。

2.3 明磊

由沈阳农业大学选育。植株长势强，株态直立，株冠大。果实圆锥形，前端钝，稍扁，有浅棱，果面橙红色、有光泽；肉质细，有香味；可溶性固形物含量8.4%，维生素C含量为88毫克/100克；果实硬度大，耐贮运。平均单果重21克，平均单株产量126克。果实成熟期集中，采收省工，抗旱力强。露地栽培要注意防晚霜，更适宜保护地栽培，每亩定植10000～12000株。

2.4 硕丰

植株长势稳健，繁殖力强，抗病性突出。叶片肥厚鲜绿。花果量多。果实近圆锥形，果实大小均匀；果肉细腻，口味香甜；可溶性固形物含量7%～9%；硬度较大。第一级序果平均重30克左右，亩产3吨以上。休眠浅，适宜温室栽培，每亩定植9000～11000株。另外，东港市草莓研究所杂交选育的两个杂交品种系表现出较突出的优质丰产性能。

2.5 硕蜜

硕蜜是由江苏省农业科学院果树研究所培育的草莓品种。植株健壮，株态直立，丰产性能好，且小果少，耐高温及抗寒力均强。果实短圆锥形，果面平整、橙红色、有光泽；果肉红色，肉质细韧，风味偏酸，味浓；可溶性固形物含量10%～11%，维生素C含量为51.9毫克/100克；果实硬度大，极耐贮运，在常温下可存3～4天。平均单果重15～20克。休眠深，适宜露地栽培，在远郊种植效益显著，为晚熟、丰产、多抗的优良品种。鲜食加工兼用。适于中部及北部草莓种植区种植。

2.6 硕露

由江苏省农业科学院果树研究所培育。植株长势强，株态直立，耐热性强，抗叶片病害，适应性广。果实纺锤形，果面平整、鲜红色、光泽强；果肉红色，肉质细韧，髓心小，甜酸适中；可溶性固形物含量10.6%，维生素C含量为59毫克/100克；果实硬度大，耐贮运性和加工性能好。丰产性能略低于硕蜜，平均单果重17克。休眠中等偏深，适于中部和北部草莓种植区露地栽培或半促成栽培。

2.7　红袖添香

红袖添香属于早熟品种，在北京地区日光温室条件下，9月初定植，初花期一般在11月下旬，成熟要到1月上旬，每亩产量一般能达到3000千克左右。第一级序果平均重26.5克，最大单果重98克。果肉红色、质密，风味酸甜适口，有香味；可溶性固形物含量10.5%；硬度较大。红袖添香对白粉病、灰霉病有较强的抗性，在我国南北方保护地设施中，都适合栽培。栽培红袖添香宜早栽，每亩定植8000～10000株。

2.8　星都一号

星都一号由北京市农林科学院林业果树研究所育成。植株生长势强。叶片椭圆形、绿色，叶片较厚。单株花序6～8个。果实圆锥形，果实大，果面红色偏深，有光泽；果肉深红色，酸甜适中，香味浓；耐贮运。较丰产，第一级序果平均重25克，最大单果重42克，每亩产量可达1500千克以上。适宜半促成栽培，每亩定植10000株。

2.9　ZJ×DKL品系

由东港市草莓研究所杂交选育而成。植株生长势强，株态开张，抗白粉病、抗螨类虫害。叶色鲜绿，叶片肥大，光亮，椭圆形。花梗较粗，低于叶面。果实圆锥形，果个较大且均匀，果面色泽鲜红；口味甜，有香味；可溶性固形物含量9%左右；硬度较大。第一级序果平均重28克，最大单果重90克，平均单株产量450克。适宜温室反季节栽培，每亩定植9000株。

2.10 林果四季

由北京市农林科学院林业果树研究所从国家草莓种质资源圃选出的四季型早熟品种。长势中庸，匍匐茎抽生能力弱。果实楔形，红色，果实外观较好；口味甜酸，有香味；可溶性固形物含量6.5%；春季果实硬度为0.24千克/毫米^2，秋季果实硬度更大。平均单果重11.2克，最大单果重43克，单株产量平均143.6克。适宜草莓秋季生产和加工。若秋季加强管理，可填补8—10月草莓市场的空白。每亩定植10000株。

对中国培育的92个可追溯亲本草莓品种的原始亲本组合进行分析发现，引进品种的遗传贡献值高达95.7%。其中，双亲都是欧美品种的组合有15个，占16.3%;双亲都是日韩品种的组合有21个，占22.8%;双亲为欧美品种与日韩品种的组合有56个，占60.9%。

比较亲本衍生数量发现，以日本红颜作为亲本，繁殖出19个品种，位列第一；以美国甜查理作为亲本，繁殖出15个品种，位列第二；红颜与甜查理作为亲本育成的品种有3个。章姬、宝交早生、卡麦罗莎、全明星、丰香等品种繁殖的品种数也均超过10个。

中国育成的草莓品种绝大多数来自常规杂交育种，少数来源于芽变或诱变，选育方法较为单一。所用亲本材料高度依赖日系或欧美主栽品种，遗传背景狭窄，育种目标难以突破。应充分利用野生草莓资源，拓宽育种资源的遗传基础。所育成的品系以大果、红果、高糖度果为育种目标，在此基础上耐贮运性、抗病性、彩色系也应逐渐成为草莓育种者关注的重点。

第四章　草莓栽培技术要点

第一节　土 地 整 理

1.1　土壤消毒

草莓往往在同一地块多年连作栽培（重茬），有害微生物逐渐积累，根际周围的营养平衡失调，以及根系分泌的有毒物质等因素的综合影响，导致草莓生产中存在严重的连作障碍，造成病害严重、生长发育受阻、长势衰弱，甚至植株死亡，严重减产以至绝收等危害。连作引起的病害主要有黄萎病、枯萎病、根腐病和革腐病等。为了确保草莓优质、丰产，每年在草莓种苗定植前，要实施土壤消毒。目前最安全、无公害的方法是利用太阳热进行土壤消毒。具体方式是在5月初将玉米或其他禾本科作物套作在草莓畦中，6月中旬将田里的草莓彻底清除干净后将套作作物用旋耕机深旋耕多次，同时配合施用畜禽粪便，深翻，灌透水，土壤表面覆盖地膜或旧的棚膜，要求盖严。为了提高消毒效果，建议棚室土壤消毒时，地膜和旧的棚膜同时盖严，以利于提高温度。消毒时间一般不少于40天。在草莓老生产区，对多年种植草莓地块还应采用棉隆或者石灰氮进行土壤消毒。

1.2 整地施肥

草莓对营养的需求较大，施足基肥对草莓的丰产优质很重要，定植前，每亩施用腐熟的有机肥 500 千克以上，此外基肥中要加入草莓专用复合肥 50 千克、微生物菌肥 80 千克、过磷酸钙 40 千克，基肥施均匀后深翻 2 ～ 3 遍，使土壤和肥料充分混合，疏松土壤，翻耕深度在 30 厘米左右，开始作畦，两相邻畦面中心线的距离为 80 厘米，畦面宽 60 厘米，畦埂高 20 ～ 30 厘米。

第二节 栽 培 管 理

2.1 定植时间和定植方式

草莓的定植时间主要取决于栽培方式。对于促成栽培，应在 70% 的植株开始花芽分化时定植，北方地区通常在 9 月上中旬，长江流域及以南地区则在 9 月中下旬。对于半促成栽培和露地栽培，北方地区通常在 8 月下旬至 9 月上旬定植，长江流域及以南地区则在 9 月中旬至 10 月上旬定植。选择合适的时间定植，有助于草莓适应环境，提高成活率。

一般来说，草莓定植的最佳幼苗标准是苗势生长健壮，无任何病虫害，苗重在 25 ～ 30 克，苗株上要有 4 ～ 6 片的叶片且叶柄比较短粗、叶色比较鲜绿，新茎粗要达到 1 厘米以上，根系主根发达、白须根不少于 5 条。当苗圃内有一半的幼苗顶部花芽分化时，或者幼苗植株开始明显弓背且叶柄上长出了耳叶时，此时就是草莓苗的最佳定植时间。

一般还可以通过假植的方式培育健壮、整齐的秧苗，而且能让草莓花芽提早分化。北方地区一般在 7 月中下旬进行假植，南方地区则在 8 月下旬至 9 月上旬进行假植。假植期掌握在 30 ～ 35 天内比较好。假植时一般选取初生根多，具有 3 ～ 4 枚展开叶的健康子苗。将子苗从母株上分离时，子苗靠母株一侧的匍匐茎留 2 ～ 3 厘米长剪断，另一侧则齐根剪断。以便于今后生产栽培时定向种植。挖苗时要尽量少伤根系，最好是边起苗边假植，以缩短缓苗时间。假植密度为 15 厘米 ×15 厘米，假植深度以埋入根茎为宜。假植后立即浇水，有条件最好遮阴。在假植期间要去掉老叶、黄叶、病叶，必要时可喷施助壮素来控制茎叶生长，保持植株有 4 ～ 5 片正常叶即可。此外，还可断根来进一步促进花芽分化，断根就是将草莓的部分根系切断，通常切断深度约为 10 厘米。断根时应注意不要损伤主根，以免影响植株的正常生长。断根后，植株的叶片可能会出现萎蔫现象，此时可以在早晚进行叶面喷水，以保持植株的水分平衡。

缓苗期正赶上花芽分化，由于正在缓苗的植株从土壤中吸收氮素营养的能力比较差，所以有利于花芽分化。定植的深度要求“上不埋心，下不露根”。定植过浅，部分根系外露，吸水困难且易风干；定植过深，生长点埋入土中，影响新叶发生，时间过长则引起植株腐烂死亡。

一般采取大垄双行的定植方式，株距 15 ～ 20 厘米，定植时植株一般弓背朝向垄沟，植株距垄沿 10 厘米，行距 20 ～ 30 厘米，这样花序和果实全部排列在垄沿上，有利于疏花疏果和果实采收。每亩用苗量为 8000 ～ 10000 株。棚室栽培可以适当密植，每亩栽苗 10000 ～ 12000 株。

在进行草莓苗移栽定植时，可以边定植边浇水，也可以在定植完成后集中浇水淋根。第一次浇水一定要浇足，建议采用滴灌、喷灌、小水淋浇的浇水方法，以此确保定植后的草莓苗发根缓苗有充足的水分供应，在促进发根、缓苗、成活的同时，避免苗期病害和幼苗脱水萎蔫等现象的发生。此外，在草莓苗定植后的10～15天内，应当根据天气情况和土壤干湿情况勤浇小水保湿。定植后前3天可以每天傍晚浇1次小水，定植后4～7天可以隔天傍晚浇1次小水，此后可以逐步减少浇水的次数，只要保持田间土壤湿润即可。等定植的草莓完全成活后，即可进行正常田间栽培管理。

2.2 扣棚保温及地膜覆盖

2.2.1 扣棚时间

一般靠近顶花芽的第一腋花芽在顶花芽分化后1个月左右开始分化。因此，在顶花芽开始分化后30天左右开始盖大棚膜保温较为适宜。当外界夜间气温降到5℃以下时，草莓进入休眠状态；夜间8～10℃为保温期临界温度，一旦夜温达到8～10℃就开始盖大棚膜保温，即第一次早霜到来之前扣棚保温较为适宜。保温过早，温室内温度高，植株徒长，不利于草莓的腋花芽分化；保温过晚，植株进入休眠状态，不能正常生长结果，从而影响植株的产量。一般北方地区在10月中旬，长江流域地区则在10月下旬至11月初。

2.2.2 地膜覆盖

地膜覆盖是草莓设施栽培中的一项重要措施，因为通过覆盖地膜，不仅可以减少土壤中水分的蒸发，降低温室内的空气湿度，减少病虫害发生，而且能够提高土壤湿度，促进草莓根系的生长，从而使植株生长健壮，鲜果提早上市。此外，覆盖地膜还可以避免花序与土壤直接接触，防止土壤污染果实，提高果实商品质量。目前生产中普遍使用黑色和银灰色地膜，因为黑色地膜的透光率差，可减少杂草的生长，银灰色地膜则能够明显减少蚜虫的危害。

北方日光温室一般在扣棚后 10 天覆盖地膜，覆膜过晚，提苗时易折断叶柄。地膜覆盖应在早晨、傍晚或阴天进行，覆膜后立即破膜提苗。用刀在地膜上苗的位置划一短线，这样使提苗后露出的土较少。苗从地膜下提出后，将地膜展平并固定。在铺设地膜之前，应先装好滴灌装置，覆膜后立即浇水，以减少覆膜操作对植株生长发育的影响。

南方塑料大棚一般在显蕾期覆盖地膜，这时期植株的韧性最好，覆盖过程中给植株造成的伤害最小。

2.3　温湿度管理

温湿度对于草莓生长发育具有重要的影响，温度和空气相对湿度与棚室中病害的发生有着直接关系。因此，温湿度的管理水平直接决定着草莓栽培是否成功。

2.3.1　棚室内温湿度管理措施

棚室的保温主要依靠覆盖物和墙体来解决，有条件的话，可以安装加温设施，以备灾害性天气到来时使用。在北方地区，通过覆盖草帘、棉被，夜间日光温室内温度比外界气温高 20℃以上，例如，当外界最低气温达到 -20℃时，温室内可保持在 5℃左右，可以不使用加温设备。

放风不仅能够降低温度和空气相对湿度，也能够给棚室中带来新鲜空气，增加棚室中氧气和二氧化碳的含量。日光温室放风时，应尽量先在温室顶部放风或底部放风。

降低棚室内空气相对湿度的重要措施是覆盖地膜和采用膜下滴灌的灌溉方式。在果实成熟期，可以通过晚放草帘和晚关风口来降低棚室的夜温，从而提高草莓果实品质。

2.3.2 温湿度的管理指标

根据草莓生长发育时期进行温湿度管理，扣棚后棚室中温湿度的管理指标如下。

现蕾前：扣棚后至现蕾前进行高温、高湿管理，白天温度不超过30℃就不放风降温；夜间保持在12～18℃。空气相对湿度保持在60%～70%，土壤湿度宜在70%～80%，这样的温湿度条件可以防止草莓植株进入休眠状态，保证草莓植株快速生长，提早开花。

现蕾期：草莓现蕾期需要适当地控制温度，以促进草莓的生长和开花。一般来说，草莓现蕾期白天的适宜温度为20～25℃，夜间温度则要控制在8～10℃。如果温度过高或过低，都会对草莓的生长和开花产生不利影响。

草莓现蕾期是草莓生长的重要时期，此时需要充足的水分供应。但是，水分也不宜过多，以防止造成烂根。一般来说，草莓现蕾期需要保持空气湿度在70%～80%，土壤湿度在80%～90%，每隔3～5天需要浇水一次，浇水时要浇透，但不要过湿。

开花期：一般草莓从现蕾到第一朵花开放大约需要15天。到花期时，要避免高温、高湿的管理方式，因为草莓对温度是非常敏感的。温度过高或者过低都容易导致花的生长发育受损，而影响后续的授粉，造成畸形果。所以在开花期间，最好将白天温度保持在20～25℃，夜间控制在8～10℃，这个温度也会有利于蜜蜂进行授粉。

在开花期间，湿度的管理也变得非常重要，当湿度低于20%或者高于60%时，容易阻碍花粉的萌发，影响到后续的授粉质量，并且在花期湿度过大时，也容易引发灰霉病、白粉病等病害。

因此在花期，最好将棚室内的湿度控制在40%～60%。如果湿度过大，注意在中午前后排湿，不可因为排湿而过多地影响到棚内温度。

果实成熟期：白天温度保持在20～22℃，夜间控制在8℃左右；空气相对湿度应控制在60%～70%，土壤湿度保持在70%～80%。此期温度过高，果实膨大受影响，造成果实着色快、成熟早，但果实个小、品质差。

2.4 光照管理

冬季日照时间短，揭放草帘进行保温更会引起日光温室内日照时间的不足。设施内光照不足对草莓影响最大的是花粉的萌发率。试验表明，当遮光率达60%时，10天后花粉发芽率开始下降，35天后花粉发芽率只有10%；而遮光率达70%时，10天后花粉发芽率急剧下降，25天后花粉基本不发芽。

光照不足还会影响叶片的光合作用。草莓的光饱和点是2万～3万勒克斯。在光饱和点以下，光照强度是光合作用的限制因素。草莓是比较适合在低温和低光照强度下栽培的作物，在冬季光照在1万～5万勒克斯时，同化作用均以15℃时为最高。到25℃时开始下降，30℃以上时急剧下降。因此，应根据天气情况，适当减少覆盖物，以增加光照时间。

棚膜表面吸附灰尘后会降低透光率，造成温室内光照强度不足，也会影响叶片的光合作用，从而影响植株的生长发育。在雨水较少的冬季，应及时冲刷掉棚膜上的尘土，以利于透光。长日照对于维持草莓植株的生长势非常重要，为了维持草莓植株后期的生长势，生产上采用电灯照射补光的方法来延长光照时间。具体方法是每亩安装100瓦白炽灯泡40～50个，在12月上旬至1月下旬期间，每天放帘后补光至晚上10:00或者在夜间补光3小时。

在后坡、后墙内侧挂反光幕以及墙上涂白等方法可以增强日光温室内的光照强度，提高草莓植株的光合效率。

2.5 水肥管理

草莓植株在日光温室中生长周期加长，对水分和肥料需要较多，因此要不断地供给充足的水分和养分，否则会引起植株早衰而造成减产。

大棚草莓的土壤湿度以保持最大持水量的60%～80%为宜。大棚草莓要采用膜下微喷或滴灌的方式供给草莓水分。浇水时要少量多次，避免将水溢到垄沟内。一般根据土垄含水情况，每隔10～15天浇1水。

特别要指出的是，判断土壤含水量不能仅凭肉眼观看地膜下土壤的湿度，由于地膜的阻挡，可能造成地膜下土壤表面湿度较大，但土垄内部草莓根际土壤湿度已经不能满足草莓生长发育的需要。根据管理经验，一般可在晴天上午卷起保温膜后，查看草莓植株的幼嫩叶片边缘是否吐水。如果幼嫩叶片边缘吐有大量水珠，表明草莓根际土壤含水量适宜；如果幼嫩叶片边缘没有水珠或者吐有少量水珠，基本可判定草莓需要浇水了。

草莓栽培不宜采取大水漫灌的灌溉方式，因为大水漫灌容易增加温室内空气湿度，引发病害；同时还会导致土壤升温慢，延迟植株生长发育进程。因此，草莓促成栽培必须采用膜下滴灌的方式。采用滴灌，可以使植株根部保持湿润，有利于植株生长，不仅节约了用水量，还可防止土壤温度过低，采用滴灌也便于利用施肥罐来追肥。每亩每次浇水量一般2～3立方米。

草莓栽培，除在定植前施入基肥外，在整个植株生长期还要及时追肥以补充养分的不足。一般追肥与灌水结合进行，每次追施的液体肥料浓度以0.2%～0.4%为宜，注意肥料中氮、磷、钾的合理搭配和微量元素肥的平衡。追肥时期分为如下几次：第一次追肥是在植株顶花序现蕾时，此时追肥的作用是促进顶花序生长；第二次追肥是在顶花序果实开始转白膨大时，此次追肥的施肥量可适当加大，施肥种类以磷、钾肥为主；第三次追肥是在顶花序果实采收前期；第四次追肥是在顶花序果实采收后期。以后每隔 15 ～ 20 天追肥 1 次，一般每亩用量为复合肥 5 ～ 10 千克 / 次。在浆果接近成熟采摘时，要增加钾肥的追施比例，以提高浆果的含糖量。

2.6　植株管理

从定植到采收结束，促成栽培草莓植株的生长发育时期很长。在此期间，植株一直进行着叶片和花序的更新，为保证草莓植株处于正常的生长发育状态，具有合理的花序数，要经常进行植株管理工作。

2.6.1　摘除老叶、病叶

植株定植成活后，新叶不断长出，子苗所带的叶片逐渐变色老化，无法进行光合作用，应及时摘除，这是第一次摘叶。由于新叶与老叶制造的物质不同，老叶具有较多抑制花芽分化的物质，在整个生育期间要不断地摘除老叶，以促进花芽分化。同时老叶、病叶制造的光合作用产物抵不上自身的消耗成为无功能叶，而衰老叶片也容易诱发病害。因此，在新生叶片逐渐能维持植株正常生长、开花结果时，应定期摘除病叶和黄化老叶，以减少草莓植株养分消耗，改善植株间的通风透光情况和减少病害。另外，在开花结果期，如果植株长势过旺，叶片数过多，即使未衰老的成熟叶片也可部分摘除。但不能过度摘叶，一般每株保持 12 ～ 15 片叶，否则会减慢果实膨大的速度，从而推迟成熟期。

2.6.2 掰芽

促成栽培的草莓植株生长较旺盛，易出现较多的腋芽，这会引起养分分流，减少大果率和产量，所以要将多余的腋芽掰掉。方法是在顶花序抽生后，每个植株上选留 1 ～ 2 个方位好且粗壮的新芽，其余全部掰掉，以后再抽生的腋芽也要及时掰掉。

2.6.3 摘除匍匐茎

匍匐茎是草莓的营养繁殖器官，通常一个母株能发生 5 ～ 6 个匍匐茎，每个匍匐茎可抽生 2 ～ 3 株幼苗，匍匐茎的发生与幼苗的生长均依赖于母株的养分供应，在生产园中如果匍匐茎大量抽生会严重消耗母株的营养，特别是在土壤干旱和土壤肥力较差的情况下，新生匍匐茎的节上不易生根，对母株的营养消耗更多，如不及时摘除会造成当年产量降低，影响秋季花芽分化，花芽质量变差，同时由于母株的贮藏营养减少，进而影响植株的越冬性。试验表明，及时摘除匍匐茎，可使植株越冬死亡率降低，并可增产 40% 左右。

匍匐茎的处理因栽培制度和栽植方式而异。一年一栽制的草莓园要随时摘除伸出的匍匐茎，以节约养分，保证开花坐果和果实生长发育对养分的最大需求。多年一栽制的草莓园，对在生长结果期长出的匍匐茎也要及时摘除，如果早期匍匐茎抽生过多，不仅影响坐果和果实的生长，还会因为植株郁闭而加重病虫危害。一般一年中摘除匍匐茎 3 ～ 4 次。果实采收以后，约在 6 月下旬，是匍匐茎大量发生的时期，在留足幼苗的基础上，一般每 3 周摘除 1 次匍匐茎。

2.6.4 花序整理

草莓的花序一般为二歧聚伞花序或多歧聚伞花序，品种间花序分歧变化较大。典型的二歧聚伞花序花轴顶端发育成花后停止生长，形成一级花序，在这花苞间长出两个等长的花柄，其顶部的两朵花形成二级花序，再由二级花序的苞片间形成三级花序，依此类推，花序上的花依照此顺序依次开放。

由于花序上花的级次不同，开花先后也不同。开花早的结果早，果实大；开花过晚的花往往不结果，成为无效花。草莓都能从新茎顶端抽生花序，称主花序，而新茎分枝及叶腋处也能抽生侧花序。一般侧花序的质量比主花序差，花期晚，果实小，品质较差，产量也低。在草莓长势良好的情况下，一般保留主花序、二级花序和部分三级花序。

进行草莓花序整理要合理留用果实，一般生产上每个花序留果实 5 ～ 10 个。果实成熟期，花序会因果实太重而伏地，易引起灰霉病及其他病害发生，造成烂果。因此，生产上常在垄两侧分别立一小棒，在棒上系绳子将花序扶起，从而增加花序的通风透光，这样做可大大减少病果、烂果的发生。此外，结果后的花序要及时去掉，以促进新花序的抽生。

2.6.5　辅助授粉

虽然草莓属于自花授粉植物，但是通过异花授粉可大大提高坐果率，保证丰产。目前生产上推广使用蜜蜂辅助授粉技术。蜜蜂的活动温度是 18 ～ 30℃，而草莓花期的棚室温度控制在 20 ～ 25℃，两者十分相近，因此可以利用蜜蜂对温室内的草莓进行授粉，提高坐果率。一般每亩日光温室放 1 ～ 2 箱蜜蜂，蜜蜂总数在 1 万～ 2 万只，保证 1 株草莓有 1 只以上的蜜蜂授粉。

蜂箱应在草莓开花前一周放入温室中，以便使蜜蜂能更好地适应温室中的环境。蜂箱距地面 50 厘米。蜜蜂不能生活在湿度太大的环境中，因此白天要注意放风排湿，放风时要在放风口处罩上纱网，防止蜜蜂飞出。在打药或使用烟熏剂时，要关闭蜂箱口，并将蜂箱暂时搬到别处，隔3～4天后再搬进棚室，以免农药对蜜蜂造成伤害。在花少时，要加强饲喂，将白糖与水按1∶1的比例混合熬制，冷却后饲喂蜜蜂。

2.6.6 施用二氧化碳

据测定，在密闭条件下，日光温室内二氧化碳浓度有时能降到70毫克/升，远远不能满足光合作用的需要。因此在日光温室内施用二氧化碳可以增强草莓植株的生长势，增加产量，提高草莓果实品质。日光温室中二氧化碳日变化规律为：日出前二氧化碳浓度最高，揭帘后随着光合作用的逐渐加强，二氧化碳浓度急剧下降，近中午时已经严重亏缺，放帘子后又逐渐升高。虽然可以通过通风换气使日光温室中的二氧化碳得以补偿，但在寒冷的冬季不可能总以此种方法来补偿二氧化碳，因此人工使用二氧化碳显得尤为重要。目前提高日光温室内二氧化碳浓度的方法有两种：增施有机肥和放置干冰。增施有机肥是增加日光温室内二氧化碳浓度的有效措施，因为土壤微生物在缓慢分解有机肥的同时会释放大量的二氧化碳气体。干冰是固体形态的二氧化碳，将干冰放入水中使之慢慢气化或在地上开2～3厘米深的条状沟，放入干冰并覆土。这种方法具有所得二氧化碳气体较纯净、释放量便于控制和使用简单等优点。

第五章　草莓主要病虫草害

第一节　草莓主要侵染性病害发生特点

无论是大棚草莓还是露地草莓，由于生长周期长，在整个培育生长过程中都很容易遇到病原菌的侵染。草莓种植过程中比较常见的病害就有灰霉病、白粉病、根腐病、炭疽病等。这些病害一旦暴发，对草莓的生长会造成很大的影响，防治不当甚至可能导致绝收。而科学防治病害需要了解草莓各类病害的发生特点和危害症状，才能更好选择合适的方法和药剂进行防治。

1.1　灰霉病

草莓灰霉病是危害设施草莓的主要病害之一，花器和果实患病之后会迅速腐烂，致病菌会快速传播，对草莓产量和品质会造成严重危害。大棚温度在 25℃左右，空气湿度在 80% 以上很容易引起该种疾病发生。当花器受到感染后，在花萼上会产生水渍状针尖大小斑点，随后会扩展成不规则形状的大病斑，病斑会逐渐扩展到子房和幼果上，导致幼果腐烂。当大棚内湿度较大时，会在患病部位产生灰褐色的霉菌层。果实染病主要在青果时期，初期在果实柱头上产生水渍状病斑，随后变成灰褐色，并且病斑向着果实内部侵袭。空气相对湿度较大时，病果腐烂软化，最终导致果实坠落。叶片受害时先是从叶柄基部开始出现水渍状小斑点，随后扩展成圆形或者椭圆形灰色大病斑，最后蔓延到叶柄，整个叶片枯死。灰霉病是开花后发生的主要病害，在气温 18 ～ 28℃的环境条件下易发病。此病由真菌半知菌亚门灰葡萄孢菌（*Botrytis cinerea*）侵染所致。病菌以菌丝体、分生孢子随病残体或菌核在土壤内越冬。通过气流、水流或农事活动传播。温度 0 ～ 35℃、相对湿度 80% 以上均可发病；温度 0 ～ 25℃、湿度 90% 以上，或植株表面有积水适宜发病。空气湿度高，或浇水后逢雨天，或地势低洼积水等，特别有利于此病的发生与发展。根据调查：平畦种植病害严重，高垄栽培病害轻；施肥过多、密植、株行郁闭、湿度过大，导致发病加快。

1.2 白粉病

草莓白粉病在草莓整个生长期均可发生，设施草莓连年种植就会加重草莓白粉病的发生，该种疾病发生和温度、湿度有着密切联系。发病初期仅在发病中心植株叶片上产生大小不等的褪绿色病斑，随后在叶子背面产生白色霉菌层，这是致病菌的分生孢子。分生孢子靠空气向周围传播，最后传播到整个大棚，直至全部植株发病。白粉病会导致叶缘萎缩，幼果生长发育停止，在果实表面会形成一层白色粉状物，导致果实商品价值下降，失去食用价值，严重时会导致整个植株死亡。此病由真菌子囊菌亚门单囊壳属的羽衣草单囊壳菌（*Sphaerotheca aphanis*）侵染所致。病原菌以菌丝体或分生孢子在病株或病残体中越冬和越夏，属低温性病菌，侵染温度为 15 ～ 20℃。根据调查：设施栽培比露地栽培的草莓发病早，危害时间长，受害重。栽植密度过大、管理粗放、通风透光条件差、植株长势弱等，易导致白粉病的加重发生。

1.3 根腐病

根腐病的发病温度为 5 ～ 30℃，最适发病温度为 22℃。此病的发生与土壤环境变化有着密切的关系，一般正茬地发病较轻，或不发病；重茬地发病严重，随着重茬次数的增加，发病率也逐渐增高，果实产量随之下降。受草莓根腐病侵染的植株根系比健康植株根系短小，颜色灰暗，地下部不定根大量死亡，新生根受到病原菌的侵害，生长稀疏。根部受害，吸收能力下降，又导致水分和营养物质不能正常输送，致使地上部弱小或整株青枯。调查发现，雨水多、排水不良的田块发病较重。草莓根腐病是由多种病原物和环境相互作用引起的一大类病害的总称。引起草莓黑根腐病的主要有立枯丝核菌（*Rhizoctonia solani*）、镰刀霉菌（*Fusarium* sp.）、腐霉菌（*Pythium* sp.）和拟盘多毛孢菌（*Pestalotiopsis* sp.）；引起草莓红中柱根腐病的主要有草莓疫霉菌（*Phytophthora fragariae*）、新月花顶孢霉菌（*Idriella lunata*）和烟草疫霉菌（*Phytophthora nicotianae*）；引起草莓白根腐病的主要有褐座坚壳菌（*Rosellinia necatrix*）、菜豆壳球孢菌（*Macrophomina phaseolina*）；引起草莓鞋带冠根腐病的主要有蜜环菌（*Armillaria mellea*）等。近年来草莓黑根腐病在草莓根腐病中的危害最重，影响最大，其病原物涉及十几个属，其中还包括病原线虫类，如伤残短体线虫（*Pratylenchus penetrans*）；其次是红中柱根腐病。

1.4 炭疽病

炭疽病主要发生在草莓育苗期的中后期和定植初期。主要危害匍匐茎、叶柄、花茎和短缩茎。匍匐茎、叶柄、叶片染病，初期产生直径 3 ～ 7 毫米的黑色纺锤形或椭圆形溃疡状病斑，稍凹陷；后期扩展成环形圈时，病斑以上部分萎蔫枯死，湿度大时可见肉红色黏质孢子堆。母株叶基和短缩茎发病时，先是 1 ～ 2 片展开叶失水下垂，傍晚或阴天恢复正常，随着病情加重，全株枯死。此病由真菌半知菌亚门毛盘孢属草莓炭疽菌（*Colletotrichum fragariae*）侵染所致，其有性阶段为子囊菌亚门小丛壳属。病菌以分生孢子在发病组织或落地病残体中越冬。在田间分生孢子借助雨水及带菌的操作工具、病叶、病果等进行传播。病菌侵染最适温度为 28 ～ 32℃，相对湿度在 90% 以上，是典型的高温高湿型病菌。5 月下旬后，当气温上升到 25℃以上，草莓匍匐茎或近地面的幼嫩组织易受病菌侵染。7—9 月，在高温高湿的条件下，病菌传播蔓延迅速。特别是老残叶多、氮肥过量、植株幼嫩及通风透光差的苗地发病严重，可在短时期内造成毁灭性的损失。近几年来，该病的发生有上升趋势，尤其是在草莓连作地，给培育壮苗带来了严重障碍。

1.5 黄萎病

黄萎病为真菌性维管束病害，主要危害根部，造成植株黄化矮小，重者枯死。染病植株新生叶呈黄绿色，扭曲成舟形，3 片小叶中往往有 1 ～ 2 片叶变小而形成畸形叶，表面粗糙无光泽；畸形叶多发生在植株的一侧，呈“半身凋萎”状，下部叶变黄褐色，上部叶自叶缘开始干枯，直至全株死亡。根系减少，变为黑褐色，甚至腐败，但中心柱不变色。病原菌是大丽花轮枝孢菌（*Verticillium alboatrum*），属半知菌亚门（无性类）、丝孢纲、丛梗孢目、丛梗孢科、轮枝孢属真菌。病菌以菌丝体或厚垣孢子或拟菌核，在病残体上或土壤中越冬。一般可存活 6 ～ 8 年，带菌土壤是病害侵染的主要来源。环境条件适宜时，病菌借助带病母株、土壤、水源或农具等进行传播，从植株根部伤口或直接从幼根的表皮和根毛侵入，在植株维管束内繁殖，不断扩散到植株的叶片及根系，引起植株系统性发病，最后干枯死亡。病菌喜温暖潮湿的环境，发病最适宜气候条件为温度 25 ～ 28℃，相对湿度 60% ～ 85%。草莓黄萎病的发病盛期在育苗中后期、假植期和定植初期。此病危害性大，是顽固性土传病害。土壤通透性差、过干过湿、多年连作、氮肥过多或有线虫危害的地块易导致黄萎病的严重发生。

1.6　叶斑病

叶斑病主要危害叶片，尤其是老叶，也侵害叶柄、匍匐茎、花萼、果实和果梗。病叶开始产生紫红色小斑点，随后扩大为直径 3 ～ 6 毫米的圆形病斑，边缘紫红色，中央呈棕色，后变为灰白色，酷似蛇眼。病斑过多会引起叶片褐枯，影响叶片的光合作用，导致植株抗性降低。此病从春天到秋天均有发生，但主要发生在夏秋高温高湿季节。在草莓开花结果前开始轻度发病，果实采收后危害严重。病原为黄单孢杆菌属的草莓黄单孢菌（*Xanthomonas fragarice*），是一种细菌性病害。该病是随着草莓繁殖材料的引进而迅速传播的。病原菌在种子中、土壤里或病残体上越冬，播种带菌种子，幼芽在地下即染病，致幼苗不能出土。有的虽能出土，但出苗后不久即死亡。在田间通过灌溉水、雨水及虫伤或农事操作造成的伤口或叶缘处水孔侵入致病并传播蔓延。病菌先侵害少数薄壁细胞，后进入维管束向上下扩展。发病适温为 25 ～ 30℃。高温多雨、连作、地势低洼、灌水过量、排水不良、栽培过密、偏施氮肥、人为伤口或虫伤多均可导致发病重。

1.7　轮斑病

草莓轮斑病主要危害叶片、叶柄和匍匐茎。发病初期，在叶面上产生紫红色小斑点，并逐渐扩大成圆形或近椭圆形大病斑，此为该病明显特征。病斑中心深褐色，周围黄褐色，边缘红色、黄色或紫红色，病斑上有时有轮纹，后期会出现小黑斑点（即病菌分生孢子器），严重时病斑连成一片，致使叶片枯死。此病由真菌半知菌亚门球壳孢目的昏暗拟茎点霉（*Phomopsis obscurans*）侵染所致。病菌以分生孢子器及菌丝体在病叶组织或病残体中越冬，成为翌年初侵染源。越冬病菌到翌年6—7月气温适宜时产生大量分生孢子，借雨水溅射和空气传播进行侵染，而后病部不断产生分生孢子进行多次再侵染，加重危害。病菌喜温暖潮湿的环境，发病最适温度为25～30℃。长江中下游地区草莓轮斑病主要发病时期是6月中旬（梅汛期）至9月，特别是在夏秋高温高湿季节发病尤为严重。夏秋季气温偏高，降雨量过多的年份，易诱发此病。草莓重茬地及苗床水平畦漫灌水也容易导致发病。

1.8 褐斑病

草莓褐斑病主要危害叶片，多从叶缘开始侵染，初期叶面出现紫褐色小斑点，后扩展为大小不等的近圆形病斑。病斑中部灰白，边缘紫红色，病斑上一般有明显轮纹，后期病斑可发展至叶片大小的1/4～1/2，致使叶片枯萎，植株死亡。草莓褐斑病由半知菌亚门树疱霉菌属（*Dendrophoma*）真菌侵染所引致。病菌以菌丝体和分生孢子器在病叶组织内或随病残体遗落在土壤中越冬，以分生孢子作为初次侵染和再次侵染接种体，借雨水溅射传播侵染致病。温暖多湿，特别是时晴时雨的天气易发病。品种间抗性有差异，如华东10号、宝交早等品种表现较抗病。

1.9 枯萎病

草莓枯萎病多在苗期或开花至收获期发病。初期仅心叶变黄绿色或黄色，有的叶片卷缩或呈波状产生畸形叶，致病株叶片失去光泽，植株生长衰弱，在 3 片小叶中往往有 1 ～ 2 片畸形或变狭小硬化，且多发生在一侧。老叶呈紫红色萎蔫，随后叶片枯黄，最后全株枯死。受害轻的病株症状有时会消失，而被害株的根冠部、叶柄、果梗都变成褐色至黑褐色。根部变褐后纵剖镜检可见长的菌丝。受害轻的病株结果减少，果实不能正常膨大，品质变劣和减产，匍匐茎明显减少。枯萎与黄萎近似，但枯萎心叶黄化，卷缩或畸形，且主要发生在高温期。病原尖镰孢菌草莓专化型（*Fusarium oxysporum* f. sp. *fragariae*）属半知菌亚门真菌。病原菌主要以菌丝体和厚垣孢子随病残体遗落在土中或在未腐熟的带菌肥料及种子上越冬。病土和病肥中存活的病原菌，成为第 2 年主要初侵染源。病原菌在病株分苗时进行传播蔓延。病原菌从根部自然裂口或伤口侵入，在根茎维管束内生长发育，通过堵塞维管束和分泌毒素，破坏植株正常输导能力而引起萎蔫。发病温度为 18 ～ 32℃，最适温度为 30 ～ 32℃。连作，土质黏重，地势低洼，排水不良，地温低，耕作粗放，土壤过酸，施肥不足，偏施氮肥，施用未腐熟肥料，均能引起植株根系发育不良，都会使病害加重。土温 15℃以下时不发病，高于 22℃时病情加重。

1.10　菌核病

草莓开花盛期最易感染菌核病。该病主要危害草莓叶柄、花柄、果实等部位。病部初呈淡褐色水渍状斑点，并逐渐扩大为梭形或不规则形病斑，高湿条件下，病部软腐，病斑表面长出大量棉絮状白色菌丝，后菌丝纠集形成鼠粪状或不规则形的黑色菌核，掉落在植株根际土表中。重病株全叶枯死腐烂，花柄干枯缢缩，根部及茎生长点正常，7 ～ 10 天后可重新生出新叶，但不能开花结果。草莓菌核病病原为核盘菌（*Sclerotinia sclerotiorum*），菌核多呈不规则形或鼠粪状，直径 1 ～ 10 毫米，可产生子囊盘 1 ～ 20

个，一般 5 ～ 10 个。在春秋季萌发时产生蘑菇状子囊盘，释放出大量子囊孢子，经空气传播侵染发病。也可由菌核产生菌丝直接进行侵染和蔓延，田间菌核在夏季浸水 3 ～ 4 个月后死亡，但在旱田的地面上能存活 2 ～ 3 年。菌核病的发病适温为 10 ～ 15℃，遇上连续几天 10℃以下低温，寄主抵抗力下降，发病明显加重。保护地内湿度大，低温导致茎叶上凝结露水，对侵染发病有利。

1.11　线虫

线虫是一种寄生性害虫，对草莓危害较大，它不仅妨碍草莓正常的生长发育，同时还传播病毒。目前已发现危害草莓的线虫有 15 属 30 余种，其中两种主要线虫为芽线虫（*Aphelenchoides besseyi*）和根结线虫（*Meloidogyne incognita*）。草莓芽线虫主要危害芽和匍匐茎，轻者新叶发育不良，皱缩畸形，叶片呈现深绿色具光泽；重者整株萎蔫，芽或叶柄变为黄色或红色，花蕾或花萼片及花瓣发育畸形；严重时花芽不能生长发育，致腋芽生长迅速，造成翌年草莓不结果，常使草莓减产 30% ～ 60%。根结线虫主要危害草莓根部，形成大小不等的根结，剖开病组织可见许多细小的乳白色线虫埋于其内；根结之上一般可长出细弱的新根，致寄主再度染病，形成根结；地上部分发育不良或死亡。芽线虫体长 0.7 ～ 0.9 毫米，宽 0.2 毫米，头呈四角形。*M. incognita* 也称南方根结线虫，雌雄异形，幼虫呈细长蠕虫状。雄成虫线状，尾端稍圆，无色透明，大小（1.0 ～ 1.5）毫米 ×（0.03 ～ 0.04）毫米；雌成虫梨形，多埋藏于寄主组织内，大小（0.44 ～ 1.59）毫米 ×（0.26 ～ 0.81）毫米。草莓芽线虫的初侵染源主要是种苗携带，连作地主要是土壤中残留的芽线虫再次危害所致。在田间芽线虫主要在草莓的叶腋、生长点、花器上寄生，靠雨水和灌溉水传播。其生长温度范围为 16 ～ 32℃，高温 28 ～ 32℃最适其繁殖，因此夏秋季常造成严重危害。南方根结线虫以卵或2龄幼虫随病残体遗留在土壤中越冬，病土、病苗和灌溉水是主要传播途径。一般可存活1～3年。翌春条件适宜时，雌虫产卵，孵化后以2龄幼虫进行危害形成根结。生存最适温度为25～30℃，高于40℃或低于5℃都很少活动，55℃经10分钟致死。

1.12 草莓革腐病

果实发病时，初期产生淡褐色水渍状病斑，逐渐扩展至全果，病果无光泽，手触有皮革状发硬的感觉，田间湿度大时，果面长出白色菌丝。根部发病时，剖开病根，从外向里变黑腐烂。从整株来看，早期症状不明显，随病情发展，植株长势差，植株瘦小，严重时萎蔫死亡。草莓革腐病的病原菌为霜霉目的恶疫霉菌，属于鞭毛菌亚门真菌。草莓革腐病是一种土传病害，病原菌在土壤中越冬，作为来年的初侵染源。在温暖湿润的气候条件下易发病，尤其是气温在20～25℃、湿度在80%以上时易发生。草莓田连作或重茬、排水不畅、田间积水时易发病。

1.13 草莓软腐病

草莓软腐病主要危害果实和茎。成熟期果实发病时，初期产生圆形褪绿小白点，继而变成褐色。随着草莓着色，扩展至全果，果肉呈湿腐状，有臭味。茎部发病时，先从近地面茎部发病，产生不规则形褐斑，病部略隆起。病原菌是匍枝根霉，属于接合菌亚门真菌。病原菌随病残体在土壤中越冬，待翌年环境适宜时侵染危害。病菌借助水流、昆虫、农事操作进行传播。田间管理粗放、病残体多、排水不良、雨后积水、虫害多、植株伤口多的园区发病较重。地势低洼、土质黏重的草莓园易于发病。

1.14 草莓皱缩病毒

草莓皱缩病毒（Strawberry Crinkle Virus，SCV）是对草莓危害性最大的一种病毒。侵染栽培品种时，感病品种表现为叶片扭曲变形，叶面上产生褪绿斑和不规则形的黄色斑点，叶脉褪绿及透明，幼叶生长不对称，扭曲皱缩，小叶黄化，叶柄缩短，植株矮化。这种病毒有致病力强弱不同的许多株系，强毒株单独侵染时，长势变差，植株矮化，一般减产 35% ～ 40%；弱毒株单独侵染，也使草莓匍匐茎的数量减少，繁殖力下降，果实变小，与其他病毒复合侵染，危害更加严重。如皱缩病毒与斑驳病毒复合侵染，使感病品种植株严重矮化，如再与轻型黄边病毒或镶脉病毒三者复合侵染，危害更为严重，可导致产量大幅度下降甚至绝产。此病毒主要由蚜虫传播，也可通过嫁接传染。

1.15 草莓斑驳病毒

草莓斑驳病毒（Strawberry mottle virus，SMoV）分布广，单独侵害时，栽培品种不表现任何症状，但可导致植株生长弱，产量下降。当植株被病毒复合侵染时才表现出症状，即草莓皱缩病毒与草莓斑驳病毒复合侵染植株时，栽培品种才表现出皱缩症状。草莓斑驳病毒与草莓轻型黄边病毒复合侵染植株时，栽培品种表现出叶片褪绿或黄边、植株矮化、果小而少等综合症状。草莓斑驳病毒也是通过蚜虫进行传播的。据报道，传播此类病毒的蚜虫有 12 种，主要有钉毛蚜、托马斯毛管蚜和小毛管蚜等。

1.16 草莓轻型黄边病毒

草莓轻型黄边病毒（Strawberry Mild Yellow Edge Virus，SMYEV）为球状病毒粒体，直径约为 23 纳米。主要危害植株叶片。单独侵染时，无明显症状，仅致病株轻微矮化。与其他病毒复合侵染时，会引起叶片黄化或叶缘失绿，叶片皱缩、扭曲，幼叶褪绿，老叶变红枯死，植株长势变差，产量严重下降。严重时全株枯死。该病主要通过蚜虫传播，也可通过嫁接传染，不能通过种子和花粉传染。

1.17 草莓镶脉病毒

草莓镶脉病毒（Strawberry Vein Banding Virus，SVBV）单独侵染草莓时症状不明显，但可造成匍匐茎数量减少，植株衰弱，产量及品质降低；它与其他病毒，尤其是草莓皱缩病毒混合侵染时，能够导致主叶脉发黄，有些株系还能导致老叶变褐。该病毒是花椰菜花叶病毒组的成员之一，主要由蚜虫传播，也可通过嫁接和菟丝子传染，但不能通过汁液传染。传毒的蚜虫主要有 10 余种，不同种的蚜虫具有传毒转化性，只能传播镶脉病毒的不同株系，蚜虫为半持久性传播。

第二节 草莓主要虫害发生特点

无论是大棚草莓还是露地草莓，由于生长周期长，在整个培育生长过程中也很容易遇到虫害。草莓种植中比较常见的害虫有叶螨、蚜虫、白粉虱、斜纹夜蛾、蓟马等。这些害虫一旦暴发，对草莓的生长会造成很大的影响，严重的甚至导致绝收。而科学防治虫害需要了解草莓各类虫害的发生特点和危害症状，才能更好地进行针对性防治。

2.1 叶螨

草莓叶螨危害轻时，幼虫和成虫在叶背面吸食汁液，使叶片局部形成灰白色小点，随后逐步扩展，形成斑驳状花纹；危害严重时，使叶片干枯，产生锈色，似火烧状，植株生长受抑制，造成严重减产。成虫无翅，靠风、雨、调运种苗以及人体、工具等途径传播。危害草莓的叶螨有多种，其中最重要的是朱砂叶螨（*Tetranychus cinnabarinus*）和二斑叶螨（*Tetranychus urticae*）。朱砂叶螨又名红蜘蛛。雌螨体形与大小和二斑叶螨相似，椭圆形，深红色或锈红色，无季节性变化。雄螨体小，长约 0.36 毫米，宽约 0.2 毫米，体红色或橙红色，阳具端锤较小。卵为圆球形，直径 0.13 毫米，有光泽，初产时无色透明，后渐转变为淡黄色或深黄色，最后呈微红色。幼螨长约 0.15 毫米，近圆形，色泽透明，有足 3 对。若螨体长约 0.21 毫米，有足 4 对。体形及体色似成螨，但个体较小。二斑叶螨又名二点叶螨、黄蜘蛛。雌螨体长 0.50 毫米左右，宽约 0.32 毫米，椭圆形，足 4 对，无爪，体背有刚毛 26 根，排成 6 横排。生长季节为白色或黄白色，体背两侧各具 1 块黑色长斑，取食后呈浓绿色、褐绿色；当密度大或种群迁移前，体色变为橙黄色。朱砂叶螨常年发生 15 ～ 20 代，当气温上升到 10℃以上时，越冬成螨开始活动。二斑叶螨常年发生 20 代以上，危害保护地草莓一般为 3 ～ 4 代。以雌螨滞育越冬，翌年春季气温上升至 5 ～ 6℃时，越冬雌螨开始活动，7 ～ 8℃时开始产卵繁殖。2 种叶螨各虫态发育历期均随温度的升高而缩短，二斑叶螨的发育起点温度更低，相同温度条件下，二斑叶螨的卵期和全世代的发育历期均比朱砂叶螨短。

2.2　蚜虫

草莓蚜虫是一种严重危害草莓产量的害虫，俗称腻虫，危害设施草莓的蚜虫种类主要是桃蚜和棉蚜。蚜虫群集在草莓嫩叶上，刺吸汁液，造成嫩叶上出现褪绿色斑点，严重的导致草莓叶子蜷缩。蚜虫所产生的蜜露会覆盖在叶片表面，影响叶片正常的光合作用，此外蚜虫还是病毒病的中间传毒宿主。蚜虫在草莓植株整个生长周期内都可以产生，在温度较高的环境下繁殖能力十分强大，危害严重。草莓植株叶片枯萎之后，以有翅蚜迁到附近植株的老茎或枯叶下产卵越冬或直接在草莓株茎和老叶下产卵越冬。蚜虫危害以桃蚜为主，当温度高达 29℃或降至 6℃，相对湿度在 80% 以上或在 40% 以下时，不利于桃蚜繁殖。调查发现，越是优良品种，果实好吃，越易感蚜虫，叶色黄或黄绿也招蚜虫。蚜虫在温度 25℃左右的条件下，每 7 天左右完成 1 代，世代重叠。以成虫在塑料薄膜覆盖的草莓株茎和老叶下面越冬，也可在风障作物近地面主根间越冬，或以卵在果树枝、芽上越冬。在温室内则不断繁殖危害。棉蚜以卵在花椒、夏至草、车前等植物上越冬。翌年春天气温回升后繁殖危害。全年都可发生，但以 5—6 月危害最为严重。

2.3　白粉虱

成虫和若虫群集于草莓叶片背面，吸取汁液，使叶片失绿变黄，影响植株的正常生长发育，进行危害时分泌大量蜜露，污染叶片，还引起霉菌感染，严重影响叶片的光合作用和呼吸作用，造成叶片萎蔫，甚至植株枯死。在保护地条件下，以各种虫态越冬，并继续危害。翌年春天开始向阳畦、露地蔬菜等作物上迁移，扩散危害。在草莓上，7—8 月虫体密度增长最快，危害也最为严重。10 月下旬以后气温下降，虫体密度逐渐减小，并向温室迁移，常年繁殖，持续危害。

2.4 斜纹夜蛾

夜蛾是草莓生产上的主要害虫之一，属喜温性、杂食性、暴发性害虫。危害草莓的夜蛾主要为斜纹夜蛾，少数为甜菜夜蛾，其中斜纹夜蛾的最适发育温度为 28 ～ 32℃、空气相对湿度为 75% ～ 95%，成虫产卵历期 4 天左右，幼虫历期 20 天左右。夏秋季高温、闷热、多雨有利于夜蛾发生。斜纹夜蛾的卵多产于草莓植株中下部叶片的背面。初孵幼虫取食卵块附近的叶肉，留下叶片表皮，形成不规则透明白斑；2 ～ 3 龄幼虫开始转移危害；4 ～ 6 龄幼虫昼伏夜出，取食叶片后造成小孔或缺刻。斜纹夜蛾的危害时间主要为定植开始至 11 月底，9—10 月是斜纹夜蛾的危害盛期，发生田块有虫株率可达 5% ～ 20%。据测报灯数据显示，斜纹夜蛾成虫数量在 8 月下旬至 9 月上旬有一个明显的峰期，9 月下旬和 10 月下旬各有一个小的峰期，峰期内可产生较多卵块。

2.5 蓟马

危害草莓常见的蓟马为棕榈蓟马，又名瓜蓟马。蓟马繁殖力强，世代重叠，喜在阴天和夜间出来活动。蓟马可以危害草莓的叶片、花、果实。叶片被危害时，初期叶片会出现黑色的条纹；严重时，发黑变重，皱缩，生长受阻。花被危害时会呈现褐色、干枯状，无法结果。而果实被危害则容易畸形，表面呈水锈状；严重时果实木质化，膨大转色异常。蓟马在设施草莓上通常在定植后至冬前（9—10 月）和春季气温回升后（3—4 月）有两个危害高峰。近年来由于草莓品种更新与栽培技术改良，冬季棚室草莓花芽分化提前，11 月下旬蓟马数量有所回升，如防治不及时，对花蕊危害大，影响冬季第一批草莓果实的上市，会严重影响果实的商品性，造成巨大损失。

2.6 地老虎

危害草莓的地老虎主要有小地老虎。在傍晚或夜间活动，常咬坏或咬断新茎、心叶，造成缺苗。小地老虎分布于世界各国。食性很杂，能危害106种植物。以幼虫危害林木、果树和蔬菜作物的幼苗。3龄前幼虫将叶片吃成网孔状，4龄后咬断草莓嫩茎，造成苗圃地缺苗断垄。小地老虎学名*Agrotis ypsilon*，属鳞翅目，夜蛾科。成虫体长16～23毫米，翅展48～54毫米。雌蛾触角丝状，雄蛾触角双栉齿状。前翅暗褐色，前翅前缘区黑褐色，基线浅褐色，内横线双线黑色波浪形，环纹黑色，有一个圆灰环，肾状纹黑色，其外侧有一明显的尖端向外的楔形黑斑，在亚缘线上侧有2个尖端向内的楔形黑斑，三斑相对，容易识别。后翅灰白色。卵半球形，表面有纵横隆线。初产时乳白色，孵化前变灰褐色。幼虫圆筒形，老熟幼虫体长41～50毫米，黄褐色至黑褐色，体表粗糙，满布龟裂状皱纹和黑色微小颗粒。腹部1～8节背面有4个毛片，后方2个较前方2个大1倍以上。臀板黄褐色，有2条深褐色纵带。蛹长18～24毫米，红褐色或暗褐色，腹部第4～7节基部有一圈刻点，在背面的大而色深，腹端具臀棘1对。一年发生2～7代，一般第1代对草莓危害重。成虫昼伏夜出，对糖醋液和黑光灯有较强的趋性。在杂草及作物幼苗叶背或土块上产卵。一般每只雌蛾产卵1000粒左右，多的可达3000粒。幼虫食害草莓嫩尖、叶片、叶柄、根茎、匍匐茎、花、花蕾、花序、嫩果和熟果。小地老虎在我国北方不能越冬，成虫有远距离迁飞习性，北方第1代的发生量与南方虫源迁入量有关。

2.7 象鼻虫

草莓象鼻虫属鞘翅目象甲科。成虫体长10～13毫米，黑色，密布粗刻点。象鼻虫分布很广，幼虫和成虫都能危害草莓。主要在春季危害草莓的叶和花，成虫常集结于花梗等部位咬食，并能进入花蕾，吃掉花粉。成虫产卵于花蕾上，而后咬伤花梗，造成落花。幼虫在凋落的花蕾里发育，于6月中下旬第1代成虫出现。以成虫在叶下或土内越冬，于翌年4月底、5月初开始出土进行危害，一般一年发生1代。

2.8 盲蝽

盲蝽种类多，有盲蝽、苜蓿盲蝽、牧草盲蝽等，在各草莓产地都可进行危害，其中以牧草盲蝽危害最重。牧草盲蝽又名绿盲蝽，俗称花叶虫、小臭虫等，属半翅目盲蝽科，能危害多种果树、蔬菜、棉花、苜蓿等经济作物。以成、若虫刺吸幼果顶部种子的汁液，破坏其内含物，阻碍种子发育形成空种子，果顶部位不发育，并有空种子密生，而形成畸形果。成虫体长5毫米左右，宽2.2毫米，绿色，密被短毛。复眼黑色，突出。前胸背板深绿色，布有许多小黑点，前缘宽。北方一年发生3～5代，以卵在杂草、病残体及浅层土壤中越冬。翌年3—4月，平均气温10℃以上，相对湿度达70%左右时，越冬卵开始孵化。第1代发生盛期在5月上旬，第2代发生盛期为6月中旬，第3～5代发生时期分别为7月中旬、8月中旬、9月中旬。世代重叠现象严重。成虫发生期不一致，飞行力强，喜食花蜜，羽化后6～7天开始产卵。非越冬代卵多散产在嫩叶、茎、叶柄、叶脉、嫩蕾等组织内，外露黄色卵盖，卵期7～9天。主要天敌有寄生蜂、草蛉、捕食性蜘蛛等。

2.9　蛴螬

蛴螬是金龟子的幼虫。成虫金龟子取食草莓的芽、叶、蕾、花和幼果。幼虫蛴螬取食草莓幼根或咬断草莓新茎，造成死苗。危害草莓的金龟子有数种，其中铜绿丽金龟和暗黑鳃金龟较普遍。一年发生1代，成虫发生盛期在6月中旬至7月下旬，此时草莓植株矮小，茎叶丛生，根茎柔软多汁，位于地表浅层土中，与其他作物相比，容易诱集金龟子产卵，虫口密度常较相邻大豆田高出1倍以上。草莓田又以施用有机肥的田块蛴螬特别多。幼虫孵化期在7月中下旬，8月下旬孵化结束，8月中旬进入3龄盛期，为幼虫危害盛期。蛴螬主要危害草莓根系。植株受害后，叶由黄变红，最后多干枯。在苗圃及栽培地常导致缺株，严重时甚至全园毁灭。扒开受害株，可见到植株已无根系，周围土壤中可找到卷曲的呈马蹄形的幼虫。铜绿丽金龟的产卵期早于暗黑鳃金龟，孵化后的幼虫在腐殖质含量丰富的土壤中居多。蛴螬除头部为红褐色外，全身乳白色，弯曲呈马蹄形，有3对胸足，后1对最长，每个体节多褶皱，头尾较粗，中间细。

第三节　草莓常见生理性病害症状

草莓生理性病害是一类由非生物因素引起的病害，这些病害通常不是由病原体直接引起的，而是由于环境条件不适宜、营养不均衡或其他非生物因素导致的。草莓生理性病害包括但不限于畸形果、白花果、缺素症、花青苷缺乏症等。这些病害对草莓的生长和产量有严重影响，因此了解这些病害的症状和形成原因对于草莓种植者来说非常重要。

3.1 畸形果

主要表现为草莓果实过于肥大或瘦小，果实呈鸡冠状、扁平状或凹凸不整，形成双头果或大果上长出许多小果等。畸形果形成一般有以下几种原因：①开花期氮肥偏多而缺硼，生长点中植物生长素含量提高，使花芽在即将分化前生长点呈带状扩大，有两朵以上的花同时分化，致使 2 ～ 3 枝花梗同时开花而形成鸡冠形果、双头果或多头果。②在开花授粉期，温度低于 10℃或超过 40℃，均不利于授粉，使受精不良，会产生各种畸形果。③草莓靠昆虫传粉，有时即使在适于授粉、受精的温度范围内，由于施药不当杀死了传粉昆虫，或花朵中花蜜和糖分含量低不能吸引昆虫，都将影响授粉、受精而产生畸形果。④覆盖黑色地膜时，温度过高可引起畸形果。⑤开花期喷施农药，会使喷药当天和次日开的花产生畸形果。

3.2 白花果

白花果多出现在冬季或早春，果实小，褪绿后不能正常着色或部分果面乃至整个果面呈白色。病果品质变劣，不耐储藏，容易被各种病害侵袭。白花果的出现与光照和施肥有很大关系，草莓果实膨大着色期间光照弱，尤其是恰逢阴雨冷凉天气，白花果发生较为严重。在施肥方面，偏施氮肥特别是速效氮肥，磷、钾肥不足，土壤中又严重缺乏有机质的情况下，白花果出现的概率高。

3.3 老化果

老化果又名种子凸出果，正常的草莓果实种子（瘦果）嵌生在浆果表面，病果种子大多凸出果面，果实小，商品性差。老化果的形成原因有：①保护地放风、浇水不及时，出现高温干旱，浆果在生长发育过程中因缺乏水分和养分而不能正常膨大，致使种子凸出浆果表面。②根系生长不良，吸收水肥能力弱，在草莓结果较多时，果实得不到维持正常发育的水肥而出现老化果。

3.4　空洞果

近几年草莓空洞果出现概率较高，主要表现为浆果外部形态同正常浆果，但是果实内部出现空腔，口感差。导致空洞果的主要原因有：①低温条件下坐果，膨大初期供水不足，中期后又温度升高，水分充足。②光照不足，或温度超过35℃，且持续时间长，授精不良。③养分供应不足，向果实输送的营养供不应求，形成空洞果。④硼元素对促进养分在果实内部运输有重要作用，若缺硼会导致果肉部分养分不足，从而形成空洞果。⑤植株生长势弱。⑥果实采收过晚。

3.5　叶烧

从地膜挖出植株孔洞旁的老叶开始，自下而上受害，叶片常先失水、萎蔫后干枯，病健交界明显。发生严重时，整棚草莓植株叶片干枯，似火烧一样，俗称“火烧叶”。草莓生理性叶烧常见于春、夏高温干旱季节，叶片失水过多，叶缘缺水造成叶片枯死。冬季温室草莓有时施肥过量，土壤水分浓度过高，根系吸水困难，导致植株严重缺水和氨中毒也会发生叶烧症状。

3.6　叶缘干枯

多发生在成年叶片上，叶缘形成茶褐色枯斑，轻微时仅发生在锯齿状叶缘部位，严重时叶片枯死，灌水后症状缓解。保护地内温度高且土壤湿度小，会引起叶缘缺水枯死，或者一次性施肥过量，引起土壤水分浓度过高，草莓根系吸收不到足够的水分而发生叶缘干枯。

3.7 草莓日灼病

在草莓浆果向阳的一面，出现白色不规则形坏死斑，病斑凹陷，中间颜色较深，四周颜色较浅，边缘不清晰，病部表面坚硬，受害部分仅限于果实表面，内部果肉正常。日灼病多在高温干旱的条件下发生，生长势弱的植株，由于果实没有叶片遮挡炽热的阳光，引起果面局部升温而发生灼伤。

3.8 草莓冻害

在气温突降时容易发生，受冻严重时草莓叶片冻死干枯，花蕊和柱头受冻后柱头向上隆起干缩，花蕊变黑褐色并死亡，幼果停止发育并干枯僵死。

越冬时绿色叶片在 -8℃以下的低温中可大量冻死，影响花芽的形成、发育和来年的开花结果。在花蕾和开花期出现 -2℃以下的低温，雌蕊和柱头即发生冻害。通常是越冬前降温过快而使叶片受冻；而早春回温过快，促使植株萌动生长和抽蕾开花，这时如果有寒流来临，冷空气突然袭击骤然降温，即使气温不低于 0℃，由于温差过大，花期抗寒力极弱，不仅使花朵不能正常发育，往往还会使花蕊受冻变黑死亡。花瓣常出现紫红色，严重时叶片也会受冻呈片状干卷，甚至枯死。

3.9 草莓缺氮症

氮是植物的主要营养元素，它对植物的生长、发育以及果实的产量、品质都有重要影响。草莓对氮素的需要量，大约每亩产 1 吨浆果需吸收纯氮 49.5 千克。但草莓何时需氮量最大，是否需要补充氮素，这主要根据植株的情况。植株的外部症状由轻微至明显，取决于叶龄和缺氮程度。一般刚开始缺氮时，特别在生长盛期，叶片逐渐由绿色向淡绿色转变。随着症状的加重，叶片变为黄色，局部枯焦且比正常叶略小。幼叶或未成熟的叶片，随着缺氮程度的加剧，叶片反而更绿。老叶的叶柄和花萼则呈微红色，叶色较淡或呈现锯齿状亮红色。果实常因缺氮而变小。轻微缺氮时田间往往看不出来，且植株能自然恢复。这是由于土壤硝化作用释放氮素所致。缺氮植株根系色白而细长，根量少，后期根系停止生长，由于土壤瘠薄、氮肥常年施用量偏少所致。特别是近几年土壤有机质含量呈现逐年降低的趋势，引起土壤中氮源不足，从而造成保护地草莓缺氮症状的发生。

3.10　草莓缺磷症

磷是核蛋白、磷脂等化合物的组成成分，它在植物生长代谢过程中起很大作用。磷酸直接参与呼吸作用和光合作用的生化过程，如没有磷，植物的全部代谢活动都不能正常进行。每产生 1 吨草莓浆果约需吸收五氧化二磷 1.4 千克。

缺磷症状没有缺氮症状表现明显，缺磷症状要细心观察才能看出来。植株生长弱，发育缓慢。最初表现为叶片深绿，比正常叶小；症状加重时，有些品种的上部叶片外观呈黑色，具光泽，下部叶片变为淡红色至紫色。近叶缘的叶面上呈现紫褐色的斑点。叶龄较老的上部叶片也有这种特征。病株的花和果比正常植株要小，有的果实偶尔有白化现象。根部生长正常，但根量少，颜色较深。病株的顶端生长受阻，明显比根部发育慢。缺磷症状的发生除了与土壤中含磷量少有关，还与土壤的酸碱度有一定关系。pH 值低于 5.5 或高于 7.0 时，土壤中的磷被固定，不易被草莓吸收利用，影响了磷的有效性。

3.11 草莓缺钾症

钾在植物体内以无机盐的形式存在。钾在光合作用中发挥着重要作用，对蛋白质的合成有促进作用。钾也是某些酶或辅酶的活化剂，能促进淀粉的形成，使植物茎秆健壮。适度施钾肥可促进果实膨大和成熟，改善果实品质，提高植物抗旱、抗高温和抗虫害的能力。草莓对钾素的吸收量比其他元素多，一般每生产 1 吨浆果约吸收氧化钾 4 千克。

钾元素多分布在草莓代谢较为活跃的器官和组织中，如生长点、芽、幼叶等部位。缺钾的症状都从新成熟的上部叶片开始，缺钾叶片边缘经常呈黑色或褐色，叶片干枯，继而发展为灼伤。灼烧斑可在大多数叶片的叶脉之间向中心发展，包括中肋和短叶柄的下部叶片产生褐色小斑点，最终导致叶片与叶柄发暗并干枯或坏死。草莓缺钾症状易与光照灼伤相混淆，应注意区分。被灼伤的叶片其叶柄一般呈浅棕色至暗棕色，且有轻度损害，最后逐渐凋萎。缺钾的果实颜色浅，质地柔软，没有味道。根系一般正常，但颜色暗。轻度缺钾可自然恢复。一般黏土和沙壤土容易缺钾；土壤中钙、镁离子含量高，以及温度低、光照弱的环境条件，抑制或降低了根系对钾的吸收能力，植株也容易缺钾。

3.12 草莓缺钙症

钙对果实的生长发育起着重要作用。它是细胞壁胶层中果胶钙的重要成分，可维持细胞膜的稳定性。草莓对钙的吸收量仅少于对钾和氮的吸收量，以果实中含钙量较高。钙在植物体内流动性很小，不能被再利用。

缺钙症状多发生在开花现蕾期，主要表现为根系停止生长，根毛不能形成，果实贮藏寿命缩短，品质降低，并引起一系列生理病害。最典型的症状是叶焦，果硬，根尖生长受阻和生长点受害。叶焦病在叶片加速生长期频繁出现，其特征是叶片皱缩，有淡绿色或淡黄色的界限，叶褪绿，顶端不能充分展开，变成黑色。在病叶叶柄的棕色斑点上还会流出糖浆状水珠，大约在下面花茎1/3 的距离也会出现类似症状。浆果表面覆盖有密集的种子，未展开的果实上种子可布满整个果面，果实组织变硬、味酸。根短粗、色暗，之后呈淡黑色。土壤干燥，土壤水分浓度大，都会阻碍对钙的吸收。酸性土壤或年降水量多的沙质土壤易发生钙缺失现象。

3.13　草莓缺镁症

镁是叶绿素的组成成分，也是许多酶的活化剂。镁在植物同化二氧化碳的过程中起很大作用。镁能促进植物体内维生素 A 和维生素 C 的形成，对于提高果实品质有重要意义。

成熟叶片缺镁时，最初上部叶片的边缘黄化并变褐枯焦，进而叶脉间褪绿并出现暗褐色的斑点，部分斑点发展为坏死斑，成为有黄色污斑的叶片。枯焦现象加重时，基部叶片呈淡绿色并肿起。枯焦现象随叶龄增长和症状加重而发展。幼嫩的新叶通常不显示症状。病株的浆果通常比正常果颜色较淡，质地较软，有白化现象，根量则显著减少。一般在沙质地栽培草莓或氮肥、钾肥施用过多时易出现缺镁症。

3.14　草莓缺铁症

铁在植物体内移动性差，缺铁症状先在植株顶端等幼嫩部位表现出来。草莓缺铁普遍发生在夏秋季节，叶小、薄，新叶叶肉褪绿变黄，无光泽，叶脉及脉的边缘仍为绿色，严重的变为苍白色，叶缘变为灰褐色，最终枯死。缺铁主要发生在北方，北方盐碱地常常使二价铁转化为不溶的三价铁固定在土壤中，致铁不能被吸收利用。当土壤 pH 值达到 8.0 时，草莓生长受到严重限制，导致根尖死亡。植株幼嫩部位需铁多，老叶中的铁难以转移到新叶中去，新叶的叶绿素形成受到影响，则出现黄化性缺铁症。

3.15 草莓缺硼症

硼虽不是植物体内的结构成分，但对碳水化合物的运转、生殖器官的发育都有重要作用。

草莓缺硼时，早期表现为幼龄叶片出现皱缩和叶焦现象，叶片边缘黄色，生长点受害，根粗短、色暗。随症状的加剧，老叶的叶脉间有的失绿，有的叶片向上卷。植株的花小，授粉和结实率降低，果小，果实畸形或呈瘤状。种子多，有的果顶与萼片之间露出白色果肉，果实品质差，严重影响产量。

3.16 草莓缺铜症

铜是植物体内某些氧化酶的组成成分，主要分布在植物生长较活跃的组织中。铜在植物体内含量极少。缺铜会影响叶绿素的生成，阻碍碳水化合物和蛋白质的代谢。但铜过剩，易使新叶叶脉间失绿，诱发缺铁症。

早期症状是未成熟的幼叶均匀地呈淡绿色，不久，叶脉之间的绿色变得很浅，而叶脉仍具明显的绿色，逐渐在叶脉之间有一个宽的绿色边界，但其余部分变成白色，出现花白斑。这是草莓缺铜的典型症状。缺铜时草莓根系和果实不显示症状。

3.17 草莓缺锌症

锌与叶绿素、生长素的形成密切相关。锌也是某些酶的组成成分，如谷氨酸脱氢酶等。成熟叶片进行光合作用与合成叶绿素都需要有一定的锌。

轻微缺锌的植株一般不表现症状。缺锌严重时，较老叶片会变窄，特别是基部叶片，缺锌越严重窄叶部分越伸长，但缺锌不发生坏死现象，这是缺锌的特有症状。叶龄大的叶片上往往出现叶脉和叶表面组织发红的症状。严重时新叶黄化，但叶脉仍保持绿色或微红，叶片边缘有明显的黄色或淡绿色的锯齿形边。植株纤维状根多且较长。果实一般发育正常，但结果量少，果实变小。

在沙质土壤或盐碱地上栽植的草莓易发生缺锌现象。被淋洗的酸性土壤、地下水位高的土壤和土层坚硬、有硬盘层的土壤易缺锌。含磷量高或大量施氮肥使土壤变碱，易缺锌。土壤中有机物和土壤水分过少，易导致缺锌。土壤中铜、镍等元素不平衡也易导致缺锌。

3.18　草莓缺锰症

草莓缺锰时，叶脉间失绿，但不向叶缘锯齿扩展，叶脉仍保持深绿色。植株产生匍匐茎能力低，仅相当于正常植株的50%～60%，但茎苗大小差异不大。北方的石灰性土壤如黄淮海平原、黄土高原等盐碱地易缺锰。叶片锰含量小于25毫克/千克时出现缺锰症状。

3.19　草莓缺硫症

植物体内的含硫量与磷相近。硫是蛋白质的组成成分，也是构成维生素 B_1 的重要组分。缺硫时胱氨酸不能形成，代谢作用受阻，硫对叶绿素形成也有一定影响。

缺硫与缺氮症状差别很小。缺硫时叶片均匀地由绿色转为淡绿色，最终成为黄色。缺氮时较老的叶片和叶柄最终呈微黄色，而较幼小的叶片实际上随着缺氮程度的加重而呈现绿色。缺硫植株的所有叶片最终都呈黄色。缺硫的草莓浆果有所减少，其他无影响。

我国北方含钙质多的土壤，硫多被固定为不溶状态；而南方丘陵山区的红壤，因淋溶作用，硫流失严重，这些地区的草莓园易缺硫。

3.20 草莓缺钼症

钼是植物体内硝酸还原酶的主要成分。这种酶的作用是把硝酸态氮转变为氨态氮，进一步形成蛋白质。钼能提高植物体内物质的运输能力。缺钼会阻碍糖类的形成，使维生素 C 含量减少，呼吸作用减弱，抗逆性下降。

草莓缺钼植株叶片黄化，随着缺钼程度的加重，叶缘出现焦枯，向上卷曲。近几年我国部分地区的土壤呈酸化趋势，严重影响了草莓植株对钼肥的吸收，土壤中磷元素不足的地块以及富含硫元素的地块，往往出现缺钼症状。

3.21 草莓花青苷缺乏症

花青苷是一种水溶性色素，赋予草莓果实其特有的红色或深红色，缺乏花青苷会导致果实颜色不鲜艳，影响果实的外观品质和市场价值。草莓花青苷缺乏症是一种常见的生理性病害，草莓着色不良很大程度上是由于棚内温度偏低、缺乏光照。因为草莓着色质量取决于果实中的花青苷色素，它的形成适宜温度为 20 ～ 25℃，连续低温（尤其低于 5℃）易造成青头果。光照不足同样影响花青苷色素的形成。

有实验结果表明，在绿熟期及白熟期，光照对果实着色影响不大，相比之下，温度对果实着色影响更大些；但转色期的光照比温度对果实的着色影响更大。

第四节　草莓田主要杂草种类及特点

4.1　杂草的定义

在田间除人类有直接目的而栽培的各种农作物外，所有受到非人工栽培条件影响且自身对人类无用而生长并有着野生性质的植物统称为农田杂草。杂草对环境的适应性极强，能在不同的土壤、气候和光照条件下生长。其生物学方面的主要特征为传播方式众多，生长周期一般都比农作物要短但生长快，光合作用效率、利用率高。

4.2　杂草的分类

杂草的品类众多，按形态特征及化学除草剂的选择性可以分为三大类：①禾草类主要包括禾本科杂草。茎圆形或略扁，具节，节间中空；叶鞘不开张，常有叶舌；叶片狭窄而长，平行叶脉，叶无柄；胚具有 1 片子叶。②莎草类主要包括莎草科杂草。茎三棱形或扁三棱形，无节，茎常实心；叶鞘不开张，无叶舌；叶片狭窄而长，平行叶脉，叶无柄；胚具有 1 片子叶。③阔叶草类包括所有的双子叶杂草及部分单子叶杂草。茎圆形或四棱形；叶片宽阔，具网状叶脉，叶有柄；胚具有 2 片子叶。

按生物学特性一般可将杂草分为以下几类：①一年生杂草是农田的主要杂草类群，如稗草、马唐、萹蓄、藜、狗尾草、碎米莎草、异型莎草等，一般在春、夏季发芽出苗，到夏、秋季开花，结实后死亡，整个生命周期在当年内完成。这类杂草都以种子繁殖，幼苗、根、茎不能越冬。②越冬杂草：秋天发芽，翌年夏天生长、繁殖，如附地菜、荠菜等。③二年生杂草又称越年生杂草，一般在夏、秋季发芽，以幼苗和根越冬，翌年夏、秋季开花，结实后死亡，整个生命周期需要跨越两个年度。如野胡萝卜、看麦娘、益母草等。④多年生杂草：一生中能多次开花、结实，多危害夏熟作物田。第一年只生长不结实，第二年起结实。多年生杂草除能以种子繁殖外，还可利用地下营养器官进行营养繁殖。常见多年生杂草有车前草、蒲公英、狗牙根、田旋花、水莎草、扁秆藨草等，可连续生存3年以上。⑤寄生性杂草为不能进行或不能独立进行光合作用，制造养分必须寄生在别的植物上靠特殊的吸收器官吸取寄主的养分而生存的杂草。半寄生杂草含有叶绿素，能进行光合作用，但仍需从寄主植物上吸收水分和营养物质，如菟丝子、大猪鼻花等。

杂草按生态学特性分类，可将杂草分为旱田杂草和水田杂草两大类。据杂草对水分适应性的差异，又可分为如下6类。①旱生型：旱生型杂草如马唐、狗尾草、反枝苋、藜等，多生于旱作农田中及田埂上，不能在长期积水的环境中生长。②湿生型：湿生型杂草如稗草、醴肠等，喜生长于水分饱和的土壤中，能生长于旱田里，不能长期生存在积水环境中。若田中长期积水，幼苗则死亡。③沼生型：沼生型杂草如鸭舌草、节节菜、萤蔺等，植物体的下部浸泡在水层，植物体的上部挺出水面。若缺乏水，植株生长不良甚至死亡。④沉水型：沉水型杂草如小茨藻、金鱼藻等，植物体全部浸没在水中，根生于水底土中或仅有不定根生长于水中。⑤浮水型：浮水型杂草如眼子菜、浮萍等，植物体或叶漂浮于水面上或部分沉没于水中。⑥藻类型：藻类型杂草如水绵等低等绿色植物，全体生于水中。

4.3 草莓田杂草的特点

草莓田中的杂草主要分成两类，单子叶禾本科杂草和双子叶阔叶类杂草，这两类杂草均有一年生的也有多年生的。禾本科杂草一般有狭长的叶片，包括马唐、稗草、狗尾草、千金子等；阔叶类杂草的叶片，呈心形或者菱形，包括反枝苋、灰绿藜、马齿苋、苍耳、田旋花等。草莓植株低矮，种植密度大，除草困难，并且草莓园基肥施用量大，灌水量大，因此杂草生长茂盛。杂草危害可使草莓产量损失 15% ～ 20%，防除杂草不能忽视。

在草莓生产过程中，杂草的滋生对产量和品质产生一定影响：一是杂草的种类繁多，单子叶杂草和双子叶杂草均可相继生长，或者相互共生；二是草莓本身的需肥量大，田间施肥量也大，容易造成“肥水长猛草”；三是杂草繁殖快、密度大，与草莓争光、争肥、争水的矛盾大；四是杂草的繁衍易诱发病虫害。

第六章　草莓主要病虫草害绿色防控技术

第一节　草莓病虫草害绿色防控要求

草莓病虫草害绿色防控实行“预防为主、综合防治”的植保方针，以健康栽培和生物防治、物理防治、农业防治为主，绿色化学防治为辅的原则，营造有利于草莓植株生长、不利于病虫草害发生的环境，将病虫草害的发生及化学农药的使用量控制在最低水平，确保草莓质量和食品安全。

1.1　产地要求

选择生态条件良好、远离污染源、日照充足并具有可持续生产能力的农业生产区域。选择道路便捷、沟渠配套、排灌方便的地块，宜采用水旱轮作田，前茬不宜种瓜果、茄科蔬菜。土壤为偏酸性至中性的中壤土或轻黏土，适宜的 pH 值为 5.8 ～ 7.0。当土壤 pH 值在 4.0 以下或者 8.0 以上时，植株容易出现生长发育障碍。

1.2　品种要求

选用早熟、优质、高产、抗病的草莓品种。采用组织培养的脱毒无病种苗，培育健壮幼苗。在6月底进入盛夏高温期间，覆盖透光率为60%的遮阳网进行降温。连作田采用无病基质育苗，隔离带病土壤。适期早定植，一般3—4月定植种苗。

1.3　建立监测体系，及时掌握草莓种植过程中病虫草害动态

首先，建立病虫草害监测网络是非常重要的一步。该网络可以包括农业科研机构、农技人员、农民等多个参与主体。农业科研机构可以提供专业的技术和病虫草害防治方案，农技人员可以提供具体的指导和培训，农民可以提供充足的信息反馈和实际操作情况。这样的多层次、多参与主体的网络可以充分发挥各方的优势，提高监测结果的准确性和可操作性。

其次，建立统一的病虫草害监测指标体系是必不可少的。病虫草害种类众多、症状相似，为了便于监测和预警，需要制定清晰的指标体系。该指标体系可以包含病虫草害种类、发生时间、危害程度等基本指标，也可以包含农田环境因素、气象因素等其他相关指标。只有通过科学的指标体系，才能更加全面、准确地了解病虫草害的发生和发展趋势。

再次，建立快速准确的病虫草害监测技术是关键。传统的病虫草害监测往往需要人工巡查和观察，费时费力且容易出现疏漏。因此，引入现代化的监测技术是非常有必要的。例如，可以利用现代化的遥感技术、无人机技术等，快速、高效地获取大范围的农田信息。同时，还可以利用传感器、监测仪器等设备，对农田环境因素、气象因素等指标进行实时监测和采集。这样，就可以实现对病虫草害发生情况的及时感知和预警。

最后，建立及时、高效的病虫草害预警系统是非常重要的。通过监测网络、指标体系和监测技术，及时收集、分析和评估病虫草害的发生情况。当监测结果超过预警指标时，预警系统应当

立即启动，并向相关人员发送预警信息。预警信息应当包括病虫草害发生的时间、地点、种类、危害程度等信息，同时还应当提供相应的防治方案和建议。这样，农民可以根据预警信息及时采取相应的防治措施，减少病虫草害对草莓的影响。

第二节　草莓病害绿色防控技术

2.1　高温闷棚

对于重茬病害地块，在设施草莓采收结束后立即拔除植株，拆除地表覆盖物如黑色地膜等。撒施米糠 450 ～ 750 千克 / 公顷。米糠欠缺地区改用石灰氮 1050 ～ 1500 千克 / 公顷，同时增施优质有机肥，如未腐熟饼肥 3000 千克 / 公顷或新鲜家禽家畜粪肥 22500 ～ 30000 千克 / 公顷。采用机械或人工的方法进行中耕，将米糠、优质有机肥等翻耕入土壤中。筑宽 1.5 米、高 0.3 米的高垄，棚内地表面也覆盖农膜，棚内垄沟与棚四周沟灌足水。大棚上覆盖薄膜，四周壅土压实，防止空气进入。结合夏季高温，使土壤温度达到 50 ～ 60℃，进行土壤高温消毒，杀灭连作田病原菌。连续高温消毒处理 20 ～ 30 天后，要尽早揭去地表覆盖的农膜，土壤耕翻后任其日晒雨淋。或者每亩撒施 50% 氰氨化钙颗粒 75 千克，与玉米秸秆一起翻耕至土壤中。然后灌透水，覆盖地膜保持大棚密闭，高温闷棚一般持续 40 天，以杀死土壤中的病菌，降低土传病害发生概率。

2.2 平衡施肥

施肥时不能单一施用氮素肥料，需平衡施肥，忌用含氯肥料。基肥以施有机肥为主、复合肥为辅，可每亩施已充分腐熟、经商品化处理的普通有机肥或微生物菌肥 500 千克以上，同时施用 45% 复合肥 50 千克；追肥应遵循少量多次的原则，以施复合肥为主，配合施用含微量元素的叶面肥（如磷酸二氢钾、保力丰等），可结合灌水追施，在草莓生长前期每 20 天追施 1 次肥，在生长后期每个月追施 1 次肥。草莓定植缓苗后和开花结果期间每隔 20 ～ 30 天追施腐殖酸复合冲施液肥 3 ～ 5 千克或追施高含量复合肥 5 ～ 10 千克。同时可以根外喷施 0.3% 磷酸二氢钾溶液或氨基酸叶面肥 500 倍液等。

2.3 控湿防病

降低棚内湿度：在垄沟内铺设地膜阻断土壤水汽来源；适度通风以加大水汽输出棚外；铺设干草或秸秆吸附大棚内水分；低温期尽量减少补水次数，确需补水时采取小水，杜绝大水灌透；停用喷雾和弥雾方法，改用烟雾剂防治灰霉、螨虫等病虫害。

保持沟系畅通以控湿度：及时清理田间排水沟，加深田间围沟，做到雨停水干，降低地下水位。苗地要经常保持潮湿；从 8 月中旬开始适当控水，有利于诱导花芽分化。

2.4 使用生物农药

在草莓发生病害初期，如发生炭疽病可使用木霉菌灌根防治，如发生灰霉病和白粉病则喷施枯草芽孢杆菌进行防治。生物农药使用时应严格按照农药使用说明，避免因使用不当导致药效降低。设施草莓常见病害及生物农药防治方法详见表 6–1。

表 6-1　设施草莓常见病害及生物农药防治方法一览表

病害名称	使用药剂	有效成分含量	剂型	每亩用量或稀释倍数	使用方法
灰霉病	枯草芽孢杆菌	1000 亿 / 克	可湿性粉剂	500 倍	喷雾
	解淀粉芽孢杆菌	10 亿 / 克	悬浮剂	350~500 毫升	喷雾
	海洋芽孢杆菌	10 亿 / 克	可湿性粉剂	100~200 克	喷雾
	甲基营养型芽孢杆菌	30 亿 / 克	可湿性粉剂	62.5~100 克	喷雾
	木霉菌	300 亿 / 克	可湿性粉剂	300 倍	喷雾
	哈茨木霉菌	2 亿 / 克	可湿性粉剂	500~650 克	喷雾
	白藜芦醇	0.2%	可溶液剂	80~120 毫升	喷雾
	苦参碱	0.3%	水剂	600~800 倍	喷雾
	丁子香酚	0.3%	可溶液剂	89~118 毫升	喷雾
	香芹酚	0.5%	水剂	800~1000 倍	喷雾
	小檗碱	0.5%	水剂	200~250 毫升	喷雾
	苦参 · 蛇床素	1.5%	水剂	40~50 毫升	喷雾
	β－羽扇豆球蛋白多肽	20%	可溶液剂	130~210 毫升	喷雾
白粉病	枯草芽孢杆菌	1000 亿 / 克	可湿性粉剂	500 倍	喷雾
	贝莱斯芽孢杆菌	200 亿 / 克	水分散粒剂	100~200 克	喷雾
	解淀粉芽孢杆菌	50 亿 / 克	水分散粒剂	70~140 克	喷雾
	嘧啶核苷类抗生素	2%	水剂	200 倍	喷雾
	虎杖根茎提取物	0.5%	可溶液剂	240~600 毫升	喷雾
	苦参 · 蛇床素	1.5%	水剂	1500 倍	喷雾
	小檗碱	0.5%	可溶液剂	230~280 毫升	喷雾

续表

病害名称	使用药剂	有效成分含量	剂型	每亩用量或稀释倍数	使用方法
白粉病	几丁聚糖	0.5%	可溶液剂	100~120 毫升	喷雾
	香芹酚	0.5%	水剂	800~1000 倍	喷雾
	蛇床子素	0.4%	可溶液剂	600~800 倍	喷雾
	大黄素甲醚	2%	水分散粒剂	1000~1500 倍	喷雾
	β – 羽扇豆球蛋白多肽	20%	可溶液剂	420~555 毫升	喷雾
	互生叶白千层提取物	9%	乳油	67~100 毫升	喷雾
	矿物油	95%	乳油	250~300 毫升	喷雾
	d– 柠檬烯	5%	可溶液剂	90~120 克	喷雾
叶枯病	香菇多糖	1%	水剂	100~120 毫升	喷雾
	苦参碱	0.36%	可溶液剂	45~60 克	喷雾
	苦参・硫黄	13.7%	水剂	100~150 克	喷雾
	枯草芽孢杆菌	100 亿 / 克	可湿性粉剂	50~60 克	喷雾
	解淀粉芽孢杆菌	60 亿 / 毫升	悬浮剂	500~650 克	喷雾
黄萎病	枯草芽孢杆菌	1000 亿 / 克	可湿性粉剂	500 倍	喷雾
	解淀粉芽孢杆菌	10 亿 / 克	可湿性粉剂	10~30 克	喷雾
	氨基寡糖素	0.5%	水剂	600 倍	喷雾
	乙蒜素	80%	乳油	25~30 克	喷雾
枯萎病	嘧啶核苷类抗生素	2%	水剂	50~600 毫升	灌根
	枯草芽孢杆菌	2000 亿 / 克	可湿性粉剂	400~800 倍	灌根
	地衣芽孢杆菌	80 亿 / 毫升	水剂	500~700 倍	灌根
	多粘类芽孢杆菌	10 亿 / 克	可湿性粉剂	80~100 毫升	喷雾

续表

病害名称	使用药剂	有效成分含量	剂型	每亩用量或稀释倍数	使用方法
枯萎病	解淀粉芽孢杆菌	10 亿 / 克	可湿性粉剂	80~100 克	灌根
	乙蒜素	30%	乳油	55~79 克	喷雾
	木霉菌	2 亿 / 克	可湿性粉剂	330~500 倍	灌根
	氨基寡糖素	3%	水剂	600 倍	喷雾
	寡糖 · 链蛋白	6%	可湿性粉剂	800~1000 倍	喷雾
根腐病	枯草芽孢杆菌	1000 亿 / 克	可湿性粉剂	20~25 克	喷淋茎基部
	多粘类芽孢杆菌	5 亿 / 克	悬浮剂	3000~4000 毫升	灌根
	甲基营养型芽孢杆菌	30 亿 / 克	可湿性粉剂	667~1334 克	浇灌
	木霉菌	1 亿 / 克	颗粒剂	1500~3000 克	沟施
	哈茨木霉菌	3 亿 / 克	可湿性粉剂	60~70 克	浸泡
炭疽病	枯草芽孢杆菌	1000 亿 / 克	可湿性粉剂	500 倍	喷雾
	多粘类芽孢杆菌	10 亿 / 克	可湿性粉剂	100~200 克	喷雾
	苦参碱	0.3%	水剂	500~800 倍	喷雾
	嘧啶核苷类抗生素	2%	水剂	500~600 毫升	喷雾
	低聚糖素	0.4%	水剂	300 倍	喷雾
	苦参 · 蛇床素	1.5%	水剂	30~35 毫升	喷雾
	d- 柠檬烯	5%	可溶液剂	90~120 毫升	喷雾
叶斑病	乙蒜素	80%	乳油	800~1000 倍	喷雾
轮斑病	多抗霉素	10%	可湿性粉剂	1000~1500 倍	喷雾
褐斑病	小檗碱	0.5%	水剂	400~500 倍	喷雾
	乙蒜素	80%	乳油	800~1000 倍	喷雾

续表

病害名称	使用药剂	有效成分含量	剂型	每亩用量或稀释倍数	使用方法
菌核病	小盾壳霉	2 亿 / 克	可湿性粉剂	100~150 克	撒施或沟施
	盾壳霉	40 亿 / 克	可湿性粉剂	45~90 克	喷雾
病毒病	丁子香酚	20%	水乳剂	30~45 毫升	喷雾
	香菇多糖	1%	水剂	100~120 毫升	喷雾
	氨基寡糖素	0.15%	颗粒剂	20~33 千克	穴施
	大黄素甲醚	0.1%	水剂	60~100 毫升	喷雾
	葡聚烯糖	0.5%	可溶粉剂	10~15 克	喷雾
	低聚糖素	6%	可溶液剂	64~84 毫升	喷雾
	香芹酚	5%	水剂	100~120 毫升	喷雾
	几丁聚糖	0.5%	水剂	100~200 毫升	喷雾
	苦参碱	3%	水乳剂	80~100 毫升	喷雾

2.5　合理使用绿色高效化学农药

合理使用化学农药在草莓病害防治中至关重要，旨在确保产品质量安全的同时，有效控制病害。以下是一些关键措施和建议。

准确诊断与对症下药：在化学防治时，应首先准确诊断病害类型，然后选择适当的药剂进行治疗。确保用药的针对性和有效性，避免使用错误的药剂导致病害抗药性的产生。

适期用药与安全间隔期的遵守：选择合适的时机进行用药，确保病害处于易感阶段，提高防治效果。同时，严格遵守农药的安全间隔期，即在采摘前允许的最后一次用药时间，以确保草莓残留的农药不会超过安全标准。

交替使用不同类型农药：为了避免病害对特定农药产生抗药性，应交替使用不同类型、作用机制的农药。这有助于维持农药的有效性，提高防治效果。

严禁使用高毒高残留农药：应避免使用高毒高残留的农药，选择低毒低残留的农药品种，以确保草莓的安全性，保证草莓的各项指标符合食品安全标准。

具体药剂推荐：对于灰霉病，可选用 50% 啶酰菌胺（凯泽）水分散粒剂 1200 倍液或 50% 咯菌腈可湿性粉剂 3000 倍液进行喷雾防治。对于白粉病，在发病初期及时用药，可选用 30% 醚菌酯悬浮剂 1000 倍液、30% 翠泽悬浮剂（醚菌酯 + 啶酰菌胺）1500 倍液或 42.8% 露娜森（氟吡菌酰胺 + 肟菌酯）悬浮剂 1500 倍液进行喷雾防治。

综上所述，合理使用化学农药在草莓病害防治中涉及准确诊断、对症下药、适期用药、安全间隔期的遵守、交替使用不同类型农药以及严禁使用高毒高残留农药等方面。通过这些措施，可以有效控制草莓病害，同时保证草莓产品的质量和安全。

第三节　草莓虫害绿色防控技术

3.1　种植葱蒜类趋避植物

在大棚内的两侧种植香葱和大蒜，利用葱蒜分泌的刺激性气味来趋避害虫，从而降低虫口基数。

3.2　使用银灰色地膜

利用蚜虫对银灰色有较强的趋避性，使用银灰色地膜代替黑色地膜，能有效减少大棚内蚜虫的虫口基数。

3.3　使用黄板、蓝板

利用蚜虫趋黄色的特性，使用黄板粘贴大棚内的蚜虫；利用蓟马趋蓝色的特性，使用蓝板粘贴大棚内的蓟马。通过黄板和蓝板的使用，能大大降低大棚内蚜虫和蓟马的虫口基数，从而减少化学农药的使用。

3.4　释放捕食螨

在红蜘蛛发生初期及时释放捕食螨，利用捕食螨消灭红蜘蛛，降低红蜘蛛虫口数量，有效减少化学农药的使用。

3.5　使用生物农药

一般鳞翅目害虫可使用苏云金芽孢杆菌制剂、白僵菌或绿僵菌等进行防治。设施草莓常见虫害及生物农药防治方法详见表6–2。

表 6–2　设施草莓常见虫害及生物农药防治方法一览表

虫害名称	使用药剂	有效成分含量	剂型	每亩用量或稀释倍数	使用方法
蚜虫	苦参碱	0.5%	水剂	1000 倍	喷雾
	苦参提取物	0.3%	可溶液剂	100~200 毫升	喷雾
	印楝素	0.3%	乳油	500 倍	喷雾
	印楝籽提取物	0.6%	乳油	400~600 倍	喷雾
	鱼藤酮	2.5%	乳油	800 倍	喷雾
	藜芦根茎提取物	0.5%	可溶液剂	75~100 毫升	喷雾
	烟碱 · 苦参碱	0.6%	乳油	60~120 毫升	喷雾
	矿物油	95%	乳油	100~200 倍	喷雾
	烟碱	10%	乳油	1000 倍	喷雾

续表

虫害名称	使用药剂	有效成分含量	剂型	每亩用量或稀释倍数	使用方法
粉虱	球孢白僵菌	100 亿 / 毫升	可分散油悬浮剂	60~80 毫升	喷雾
	金龟子绿僵菌	100 亿 / 毫升	油悬浮剂	100~150 毫升	喷雾
	苦皮藤提取物	0.5%	烟剂	350~400 克	点燃放烟
	爪哇虫草菌	50 亿 / 毫升	可分散油悬浮剂	20~25 毫升	喷雾
	硅藻土	88%	可湿性粉剂	1000~1500 克	喷雾
	矿物油	95%	乳油	400~500 毫升	喷雾
	d- 柠檬烯	5%	可溶液剂	100~125 毫升	喷雾
	藜芦根茎提取物	0.5%	可溶液剂	70~80 毫升	喷雾
	耳霉菌	200 万 / 毫升	悬浮剂	150~230 毫升	喷雾
叶螨	苦参碱	0.5%	水剂	200 倍	喷雾
	苦参碱・印楝素	1%	悬浮剂	1000 倍	喷雾
	藜芦碱	0.5%	水剂	500 倍	喷雾
	矿物油	99%	油剂	200 倍	喷雾
	博落回・藜芦根茎提取物	1%	可溶液剂	1000~1500 倍	喷雾
	藜芦根茎提取物	0.1%	可溶液剂	600~800 倍	喷雾
	d- 柠檬烯	5%	可溶液剂	200~300 倍	喷雾
	香芹酚	5%	水剂	800~1000 倍	喷雾
	桉油精	5%	可溶液剂	500~750 倍	喷雾

续表

虫害名称	使用药剂	有效成分含量	剂型	每亩用量或稀释倍数	使用方法
斜纹夜蛾	苏云金芽孢杆菌	16000 单位 / 克	可湿性粉剂	1000 倍	喷雾
	短稳杆菌	100 亿 / 克	悬浮剂	800~1000 倍	喷雾
	球孢白僵菌	300 亿 / 克	可分散油悬浮剂	33~47 毫升	喷雾
	爪哇虫草菌	200 亿 / 克	可湿性粉剂	60~90 克	喷雾
	印楝籽提取物	1.2%	可溶液剂	40~60 毫升	喷雾
	斜纹夜蛾性信息素	3.3 毫克 / 个	挥散芯	1~3 个挥散芯	诱捕
	苦参碱	0.3%	水剂	250~376 毫升	喷雾
	苦皮藤素	1%	水乳剂	90~120 毫升	喷雾
	斜纹夜蛾核型多角体病毒	20 亿 / 毫升	悬浮剂	25~75 毫升	喷雾
	印楝素	0.6%	乳油	100~200 毫升	喷雾
蓟马	金龟子绿僵菌	100 亿 / 克	悬浮剂	30~35 毫升	喷雾
	球孢白僵菌	150 亿 / 克	可湿性粉剂	160~200 克	喷雾
	硅藻土	88%	可湿性粉剂	1000~1500 克	
	苦参碱	0.3%	水剂	150~200 毫升	喷雾
蛴螬	球孢白僵菌	150 亿 / 克	可湿性粉剂	250~300 克	拌土撒施
	金龟子绿僵菌	2 亿 / 克	颗粒剂	4~6 千克	撒施
地老虎	金龟子绿僵菌	2 亿 / 克	颗粒剂	2~6 千克	沟施或穴施
盲蝽象	绿盲蝽性信息素	20 毫克 / 个	挥散芯	3~5 个挥散芯	悬挂
	金龟子绿僵菌	80 亿 / 毫升	可分散油悬浮剂	60~90 毫升	喷雾

续表

虫害名称	使用药剂	有效成分含量	剂型	每亩用量或稀释倍数	使用方法
斑潜蝇	鱼藤酮	5%	可溶液剂	150~200 毫升	喷雾
线虫	淡紫拟青霉	10 亿 / 克	颗粒剂	1500~2500 克	沟施
	蜡质芽孢杆菌	10 亿 / 毫升	悬浮剂	4~7 升	灌根
	杀线虫芽孢杆菌	5 亿 / 克	粉剂	1500~2500 克	穴施
	苏云金芽孢杆菌	200 亿 / 克	可湿性粉剂	1500~2500 克	灌根
	印楝素	0.3%	水分散粒剂	600~800 倍	灌根
	厚孢轮枝菌	2.5 亿 / 克	颗粒剂	1500~2500 克	穴施
	苏云金芽孢杆菌	4000 单位 / 毫克	悬浮种衣剂	1 ：（60~80）（药种比）	种子包衣
	嗜硫小红卵菌	2 亿 / 毫升	悬浮剂	400~600 毫升	灌根
	氨基寡糖素	0.5%	水剂	600~800 毫升	灌根
	坚强芽孢杆菌	100 亿 / 克	可湿性粉剂	400~800 克	灌根

3.6　合理使用绿色高效化学农药

优先选择高效、低毒、低残留的环境友好型农药，禁止使用禁限用农药。准确掌握用药剂量和施药次数，严格执行安全间隔期，提倡在一个生产季节选择不同作用机理的农药交替使用。用药时注意保护授粉昆虫。所选用的农药应符合 GB/T 8321、NY/T 1276 的规定。按照国家农药登记的标签使用；在虫害及其他有害生物单一发生时，应选择对防治对象专一性强的农药品种；混合发生时，应选择对防治对象有效的农药。宜选用水剂、水乳剂、微乳剂和水分散粒剂等环境友好型剂型。

第四节　草莓常见生理性病害补救措施

4.1　合理施肥

草莓根系较浅，对土壤通透性的要求较为严格，在确保氮、磷、钾等基本要求的前提下，增施生物菌肥和钙肥。对于土壤肥力一般的地块，每亩施用 12% 过磷酸钙 100 千克、木质素菌肥 150 千克。对于习惯施用鸡粪作为有机肥的地区，由于最近几年养鸡专业户习惯用 84 消毒液进行鸡舍消毒，为防止消毒液在鸡粪里残留伤害草莓，鸡粪施用前一定要确保充分腐熟且经过晾晒。中微量元素如铁、硼、钼、铜、镁等在生产上用于基施，一定要掌握好用量，一般不超过 0.5 千克 / 亩。植株表现缺肥症状时，除氮、磷、钾冲施外，其他多采取叶面喷施的方法。作为叶面肥，相互拮抗的钙、钾肥不能混喷，一般情况下不得使用激素，以免使用不当出现植株徒长或空洞果的现象。

4.2　科学浇水

草莓对水分的要求较高，科学浇水是其获得高产稳产的重要条件之一。开花期至浆果成熟期，充足的土壤水分很重要，直接影响到浆果的大小和产量。特别是保护地草莓进入春季，应当始终保持土壤田间持水量在 70% 左右。果实发育期适当控制浇水次数和浇水量，防止因土壤水分含量过大引起果实发软。

4.3　加强温度及授粉蜂群的管理

对于保护地草莓，温度管理十分重要。隆冬季节一定要做好保温工作，应确保保护地内温度不低于 12℃。同时，定期清理保温棚膜上的污垢，提高保护地内的光照强度。棚内温度超过 32℃

时及时放风降温。

对于利用蜜蜂授粉的保护地，为确保蜜蜂的活力，每间隔 15 天应饲喂 1 次 0.1% 的淡盐水。草莓开花较少时，及时用糖水喂养蜜蜂，方法是每 500 克白糖用 250 克温开水化开后，倒进蜂箱里的蜂巢内。经常对叶面喷施适量硼肥，增加花粉的香味，吸引蜜蜂前来采花授粉。保护地特别是连作地块，病虫害发生较为频繁，在病虫害防治时，除使用对蜜蜂不会造成伤害的杀虫剂、杀菌剂外，一定要注意草莓花期不喷药。

4.4　草莓缺氮症

针对草莓春季生长期短而集中的特点，施足基肥，以满足其生长发育的需要。发现缺氮，每亩施硝酸铵 11.5 千克或尿素 8.5 千克，并立即浇水；花期用 0.3% ～ 0.5% 尿素溶液叶面喷施 1 ～ 2 次，或用 0.3% 尿素溶液在头茬果坐果 30 天后，每隔 7 ～ 10 天喷施 1 次。

4.5　草莓缺磷症

在植株开始出现缺磷症状时，及时用 1% 过磷酸钙浸出液或 0.1% ～ 0.2% 磷酸二氢钾溶液，每隔 7 ～ 10 天喷 1 次，连喷 2 ～ 3 次。

4.6　草莓缺钾症

增施有机肥料，生长期每亩追施硫酸钾 7.5 千克左右。发现缺钾，及时用 0.1% ～ 0.2% 磷酸二氢钾溶液，每隔 7 ～ 10 天喷 1 次，连喷 2 ～ 3 次。

4.7　草莓缺钙症

适时浇水，保持土壤湿润。发现缺钙，及时用 0.2% ～ 0.3%

氯化钙或用 0.3% ～ 0.5% 硝酸钙溶液叶面喷施。严重缺钙时，每亩可用 47% 生化黄腐酸钙 2 千克，浇水时顺沟冲施。

4.8　草莓缺镁症

平衡施肥，防止过量施用氮、钾肥。发现缺镁，及时用 1% ～ 2% 硫酸镁溶液叶面喷施，一般每隔 10 天左右喷 1 次，连喷 2 ～ 3 次。

4.9　草莓缺铁症

增施有机肥料，及时排水，保持土壤湿润。发现缺铁，及时用 0.2% ～ 0.5% 硫酸亚铁溶液叶面喷施。

4.10　草莓缺硼症

适时浇水，保持土壤湿润。发现缺硼，及时用 0.15% 硼砂溶液叶面喷施。

4.11　草莓缺铜症

整地时，每亩施 0.7 ～ 1.0 千克硫酸铜作基肥。生长期发现缺铜，用 0.1% ～ 0.2% 硫酸铜溶液叶面喷施，一般每隔 5 ～ 7 天喷 1 次，连喷 2 ～ 3 次。

4.12　草莓缺锌症

增施有机肥，改良土壤。发现缺锌，及时用 0.05% ～ 0.1% 硫酸锌溶液叶面喷施。

4.13　草莓缺钼症

发现缺钼，及时用 0.03% ～ 0.05% 钼酸铵溶液叶面喷施。

第五节　草莓田主要杂草绿色防控技术

草莓植株低矮，种植密度大，除草困难。又因草莓园基肥施用量大、灌水量大，杂草发生量大。杂草危害可使草莓产量损失15%～20%。因此应重视杂草防除，采取综合防治措施。

5.1　要运用农业措施，打好除草基础

耕翻土壤：在新栽草莓之前，对土壤进行深耕深翻，可以有效地控制杂草。耕翻后1～2周内不下雨，就可以将露在外面的杂草晒死，使翻入土中不见光的杂草烂掉。

轮作换茬：草莓的苗圃基地每年应更换一个地方，既可改变杂草结构，控制恶性杂草，又可减轻潜在病虫害。这是防治杂草的有效措施，可以改变杂草群落，控制难以防治的杂草产生。从防治病虫害等方面考虑，草莓也需轮作换茬。这一措施的应用对整个草莓生产的各个环节都有利。

人工除草：在草莓生产中，人工除草必不可少，多与中耕松土保墒同时进行。草莓年生长周期中，有三个时期应进行中耕除草：一是栽植后至越冬前；二是翌年春季，草莓萌芽后到开花结果前，以保墒和提高地温为目的进行中耕松土或施肥灌水后浅耕锄地；三是草莓采果后，这时气温渐高，雨水加大，草莓和杂草都进入旺盛生长期，是防治杂草的关键时期。

覆盖压草：用黑色地膜覆盖栽植草莓地面，可保持土壤无杂草，在高温多湿地区更适宜。灌水时可掀起地膜的一面，或在垄沟灌水，通过向周围渗透湿润土壤。透明薄膜覆盖只要四周盖严实，也有一定的抑草效果，但透明薄膜易导致草莓植株早衰。

覆盖生态防草布：畦面呈龟背状，畦埂高20～30厘米，畦

面宽 60 厘米，上面覆盖生态防草布，可物理性阻绝杂草的光合作用，不用打除草剂，安全放心。一布管多年，同时透气透水，不影响日常农事活动，可以配合滴灌喷灌使用，不影响作物根系生长，改善土壤微环境，促进土壤疏松，可延长 7 ～ 10 天保湿期。

5.2　采用化学手段，杀灭不同龄期杂草

在草莓幼苗移栽前对土壤进行处理，可杀灭出芽前的杂草。抓住杂草萌芽前或杂草未出土的时期，选用除草剂进行药剂处理。药剂可选用二甲戊灵（田普）+ 丁草胺，可有效防除稗草、马唐、狗尾草、牛筋草、早熟禾等一年生禾本科杂草，也可防除灰灰菜、马齿苋、苋菜、繁缕等一年生阔叶杂草。

幼苗移栽假植后喷施除草剂，茎叶处理剂可有效防除禾本科杂草及阔叶杂草，使用时期为杂草出齐苗后。防除禾本科杂草可选用的药剂有 15% 精稳杀得 670 毫升 / 公顷、10.8% 高效盖草能乳油 450 毫升 / 公顷、5% 精禾草克乳油 750 毫升 / 公顷等。在气温低、土壤墒情差时施药，除草效果不好；在气温高、土壤墒情好、杂草生长旺盛时施药，除草效果好。草莓地防除阔叶杂草须慎重，要针对草莓的生长发育时期，选用不同除草剂，并调整除草剂用量。

草莓栽后到越冬前，可用 24% 克阔乐 300 毫升 / 公顷兑水 450 千克均匀喷雾，能有效防除马齿苋、反枝苋、灰绿藜等阔叶杂草；防除草莓采后田间的阔叶杂草，可用 24% 克阔乐 375 毫升 / 公顷兑水 450 千克喷雾。当禾本科杂草与阔叶杂草混生时克阔乐和精稳杀得要错开施用，二者避免混用，否则会产生药害。

除草剂种类繁多，在施用过程中，如果品种选择不当，或施用剂量不合适，或重复喷药，都会产生药害。例如，草莓园施用西马津、阿特拉津等三氮苯类除草剂能引起草莓药害，药害主要

表现为草莓叶片黄化、上卷，叶片呈灼烧状枯萎。部分除草剂引起药害后使草莓成龄叶片呈墨绿，并出现黑褐色点或片，叶片变得干、硬、脆，幼叶尖部黑褐失绿，严重影响生长发育。

草莓与其他作物间、套、轮作时，施用的除草剂必须对间作作物和后茬作物无害。大惠利是草莓适宜的土壤处理剂，它对葫芦科、十字花科、茄科以及豆类、葱蒜类等作物都很安全，但禾本科的水稻、小麦、玉米及菠菜、莴苣等则对其敏感，故草莓与这些作物间、套、轮作时不宜施用大惠利。

为了保护栽培植物不受除草剂的伤害，通常采用吸附物质，如先在草莓根部裹一层活性炭，然后再栽种到已施过除草剂的土壤中，或者草莓栽植后不久，在出芽前，先在草莓行带上施活性炭，再施用土壤除草剂。施用充分腐熟的农家肥也有类似效果。

第七章　草莓收获、分级、包装及运输

第一节　采　　收

草莓浆果在整个生长季节是陆续成熟的，露地栽培品种采收时间可持续 20 ～ 40 天，棚室栽培品种采收时间长达数月。采收时，应根据浆果成熟度逐日或隔日分批采收。每次采摘必须将达到标准的果实采完，否则不仅使果实成熟过度，而且易受灰霉病侵染。

1.1　采收标准

鲜食草莓在果面着色达 90% 时采收，加工果酒、果汁、果酱用草莓在充分成熟时采收，罐头用草莓在果面着色达 80% 时采收。

1.2　采收前准备

采收用的容器要浅，底部要平，内壁光滑。

1.3　采收时间

最好在上午 8：00—9：30 进行，也可以在凌晨采收。采收时用拇指和食指掐断果柄，将果实轻放在容器内。要求果柄短，不损伤花萼。最好单层包装，层数过多易造成底部果实压伤。

1.4 果实分级

采收时按果实大小分级，剔除病果、劣果、机械损伤果，按品种、单果重、成熟度和果实大小进行严格分级。草莓分为大、中、小3个规格（表7–1）。此外根据NY/T 1789—2009《草莓等级规格》，在符合基本要求的前提下，草莓分为特级、一级和二级3个等级。特级：优质，具有本品种的特征，外观光亮，无泥土。除不影响产品整体外观、品质、保鲜及其在包装中摆放的非常轻微的表面缺陷外，不应有其他缺陷。一级：品质良好，具有本品种的色泽和果形特征，无泥土。允许有不影响产品整体外观、品质、保鲜及其在包装中摆放的下列轻微缺陷：不明显的果形缺陷（但无肿胀或畸形），未着色面积不超过果面的1/10，轻微的表面压痕。二级：本等级包括不满足特级和一级要求，但满足基本要求的草莓。在保持品质、保鲜和摆放方面基本特征的前提下，允许下列缺陷：果形缺陷，未着色面积不超过果面的1/5，不会蔓延的、干的轻微擦伤，轻微的泥土痕迹。不同的草莓品种，果实大小也不同，具体情况如表7–2所示。

表7–1 草莓规格

规格		大（克）	中（克）	小（克）
大型果	单果重	＞25	20～25	≥15
	同一包装中单果重差异	≤5	≤4	≤3
中型果	单果重	＞20	15～20	≥10
	同一包装中单果重差异	≤4	≤3	≤2
小型果	单果重	＞15	10～15	≥5
	同一包装中单果重差异	≤3	≤2	≤1

表 7-2　部分草莓主栽品种果实大小

品种类型	平均单果重（克）	主栽品种
大型果	≥ 15	春旭、达赛莱克特、大将军、丰香、弗吉尼亚、鬼怒甘、红太后、惠、静宝、美德莱特、全明星、赛娃、森嘎拉、硕丰、吐德拉、新明星、幸香、早美光、章姬等。
中型果	≥ 10 ～ 15	宝交早生、春香、戈雷拉、枥乙女、明宝、明晶、明磊、申旭 1 号、硕露、星都 2 号等。
小型果	≥ 5 ～ 10	红冈特兰德、梯旦、郁香、秋香等。

第二节　包　　装

2.1　容器选择

容器内壁要光滑，符合食品卫生要求，美观、重量轻、成本低、易回收。

2.2　包装说明

包装外应注明产品名称、等级、净重、产地、生产单位及等级标准。

2.3　包装要求

一方面，材质要具备保护草莓的功能，能够防止外界湿气、光线对草莓的影响；另一方面，材质也要符合环保要求，做到可降解或可循环使用。常用的包装材料有纸盒、纸袋、纸塑复合材料等，可以根据产品定位和市场需求选择合适的材质。

因此，草莓内包装采用符合食品卫生要求的透明塑料盒、防水纸盒、塑料泡沫盒等；外包装采用纸箱或塑料周转箱，外包装应坚固耐用、清洁卫生、干燥、无异味。为防止果实在运输过程中相互碰撞，可以在内包装底部放海绵、纸等衬垫物。

第三节　预　　冷

3.1　预冷方式

草莓预冷技术是一种有效的保鲜手段，其主要目的是降低草莓的温度，抑制其呼吸和代谢等生理活动，延缓衰老，减少腐烂，从而延长草莓的保鲜期。草莓预冷主要采取人工预冷方式。人工预冷有冰冷、风冷、水冷和真空预冷等方式。

3.2　预冷温度

无论采用哪种方式，都要掌握适当的预冷温度和速度，为了提高冷却效果，要及时冷却和快速冷却。冷却的最终温度在0℃左右。

3.3　预冷后处理

预冷后处理要适当，果实预冷后要在0～1℃的温度下进行贮藏和运输，若仍在常温下进行贮藏和运输，不仅达不到预冷的目的，甚至会加速腐烂变质。

第四节　保　　鲜

4.1　低温保鲜

低温冷藏（2～5℃）是草莓保鲜的主要方法，草莓果实的适宜贮藏温度为0℃，相对湿度为90%～95%。以0℃以下，草莓冰结点（-0.77℃）以上的温度进行贮藏保鲜，与4℃的冷藏条件比较发现，草莓营养成分的变化、烂果率、失重率都很小，这种冰温贮藏可使草莓的保质期延长到50天左右。另一种保鲜方式是速冻贮藏，速冻贮藏是将水果快速冷冻，然后在-18℃以下的低温中保存。这是一种长期保存草莓果实，维持风味和防止营养流失较为理想的方法。速冻草莓在较低温度下贮藏可最大限度地保持草莓原有品质，速冻贮藏的草莓贮藏期可达18个月以上。但创造较低的贮藏温度将花费很大的代价，所以其应用范围受到了限制。

4.2　辐射保鲜

辐射保鲜主要利用电离辐射（γ射线、加速电子、X射线产生的电子束）使水果中的水和其他物质发生电离，生成游离基或离子，从而抑制微生物的生长，达到保鲜的目的。草莓低剂量辐射保鲜，可以防止草莓腐烂，延长货架期，并且保持原有的质地和风味。在低温条件下，短波紫外线辐照能延缓草莓的转红，推迟后熟，显著降低发病率。在室温条件下（自然室温，最高温度25℃），γ射线辐照保鲜的适宜剂量为2.5～3.5千戈瑞。采用热处理、聚乙烯膜包装和3.5千戈瑞的γ射线辐照，辐照后低温贮藏，草莓的贮藏期可达30天以上。不同的草莓品种对辐照的耐受剂量存在差异。此技术虽能有效地控制草莓果实病害，减少腐烂，但草莓的成熟季节集中，处理量比较大，具体操作起来困难，且其经济的可行性也制约着此技术的应用和发展，仅作为草莓贮藏保鲜的辅助技术加以应用。

4.3　气调贮藏和薄膜包装

气调贮藏和薄膜包装可起到减缓果实衰老和延长贮藏时间的作用，再结合适当的低温贮藏条件，其保鲜效果将更为显著。气调贮藏应用于草莓保鲜的研究中，低温结合低浓度 O_2、高浓度 CO_2 处理均可抑制草莓果实的腐烂，尤其是高浓度（10%～20%）CO_2 对草莓采后防腐有显著的效果。但贮藏环境中 O_2 浓度过低或 CO_2 浓度太高均会造成果实的生理失调，导致乙醛、乙醇等物质的积累，对果实本身产生毒害并影响风味，甚至促进果实腐烂的发生。提高空气中的 O_2 浓度，能有效地抑制厌氧微生物的生长，从而阻止草莓贮藏和运输中灰霉病的发生，同时还能有选择性地减少腐烂而对风味无有害影响。此外利用低密度聚乙烯（LDPE）和聚氯乙烯（PVC）复合膜包装草莓，包内充入 2.5%O_2+16%CO_2，能够把草莓的货架寿命延长 4～6 天。利用高浓度 CO_2、低浓度 O_2 的气调环境并结合臭氧、涂膜处理，可以达到更好的保鲜效果。目前，气调贮藏是较先进的保鲜技术，也是当前发达国家使用较广的技术之一。但此技术投资大，对发展中国家来讲，尤其是我国不宜大量发展。

4.4　化学保鲜

大量研究证实，杀菌剂能有效地抑制或杀死病原微生物。但由于杀菌剂的毒性及残留问题，乙烯吸收法、二氧化硫和过氧乙酸熏蒸处理等方法很难得到推广，目前国内外有关专家正致力于开发研制无毒性的化学保鲜剂。采用柠檬酸与抗坏血酸作为植酸的增效剂，以植酸浓度1%，柠檬酸0.1%，抗坏血酸0.05%，保鲜效果最佳。由化学保鲜剂处理过的草莓经过6～8℃的低温贮藏10天后，果实的色泽、味道与原果无明显差别。经过2%$CaCl_2$+100毫克/千克赤霉素+0.2%柠檬酸浸果处理能提高果实硬度，保持果色和叶色，使用这种复合的化学保鲜剂，关键在于药剂的配比及科学的处理浓度和时间。尽管在药剂使用上存在一定问题，但目前仍不失为草莓果实防腐的一种有效方法，只要严格执行安全标准和科学处理方法，安全问题是能够得到保障的。

4.5　涂膜保鲜

目前，天然高分子生物多糖已经作为成膜剂和保鲜剂被广泛应用于食品、制药等多个领域。具有水蒸气阻隔性、可食性并且符合绿色食品要求的高分子被膜正在被研制和应用。在草莓的贮藏保鲜方面，以2种高、低相对分子量的壳聚糖配比后在草莓上涂膜保鲜，常温下可延长保鲜期2天以上。壳聚糖与有机酸（如乳酸）复合涂膜，可使常温贮藏天数长达11天，由柠檬酸－壳聚糖－Ca^{2+}膜处理的草莓能保持丰富的维生素C含量、低的失水率和高的商品率，草莓有较好的口味，并维持很高的硬度。用魔芋多糖与柠檬酸、山梨酸等复配成的保鲜液膜，可使草莓保存5～6天，好果率达80%以上（温度18℃，湿度80%）。可以看出，经过适当的处理和合理的搭配，一般都能有效抑制微生物的活动，调节采后果实的生理代谢，起到较好的保鲜效果。但是，涂膜保鲜剂的保鲜机理以及多种保鲜剂复合涂膜方面的研究还需要进一步研究和完善，以寻求具有良好综合保鲜效果的复合涂膜保鲜剂。

4.6 生物防腐保鲜

传统的并已广泛使用的化学防腐保鲜剂保鲜效果显著，但存在环境污染以及残留的问题，而辐射、低温保鲜、气调贮藏等物理方法虽然保鲜效果很好，却因使用范围、操作技术等限制，在我国很难大面积推广。因此安全、无污染、环境友好型生物防腐保鲜技术越来越受到人们的重视。目前，生物防腐保鲜技术在果蔬保鲜上的应用较多。利用细菌、真菌和蓝藻等产生的微生物多糖，以及从虾、蟹、昆虫等节肢动物的外壳及菌类、藻类等低等植物细胞壁中的甲壳素，经酸化所得的含氮多糖类物质即壳聚糖，对果蔬进行保鲜，因其具有良好的成膜性与抑菌作用而取得较好的保鲜效果。还可利用生物体自身的天然成分提取物的杀菌抑菌能力而进行保鲜。如大蒜汁、姜汁、洋葱汁所含的天然抗生素具有抗菌作用，抑菌效果明显，尤其是大蒜汁，其抗真菌强度与化学防腐剂苯甲酸钠和山梨酸相当。另外，植物源提取物的防腐保鲜研究中，食用香料类和中草药类植物的提取物对水果的致病病原菌有一定的抑杀作用。此外，还可利用生物酶、抗菌肽以及微生物菌体对草莓进行生物保鲜。从多种微生物菌种发酵液中提取的混合液制成生物保鲜液，草莓果实经喷雾或浸蘸晾干后，在常温条件下对草莓进行了保鲜，可以较明显抑制草莓灰霉病等病菌的侵染，减少草莓果实表面失水，从而保持果实的新鲜感。用啤酒酵母菌对草莓进行保鲜，可以推迟草莓的后熟和减轻草莓腐烂程度。但是，目前在生物酶、抗菌肽以及微生物菌体对草莓进行生物保鲜的研究和应用中还存在一些问题，比如，生物酶的抗菌谱较窄，抗菌肽以及微生物菌体代谢产物的杀菌抑菌成分稳定性较差等问题，有待进一步研究解决。

第五节　运　　输

根据草莓的生理特性和货架期较短的特点，草莓运输应以公路或航空运输为主。运输的过程实际上是一种动态的贮藏，运输的温度、湿度、CO_2浓度最好能模拟贮藏的环境条件，当然还视运输距离远近和成本核算来决定，如果运距较远，又要降低成本，可考虑采用节能保温运输或冷藏车低温运输的方式。节能保温运输是将产品预冷到一定低温或经冷藏后用卡车在常温下进行运输。运输过程中保持质量的关键是用具有良好隔热保温作用的棉被或草帘等将产品包裹起来，以保证在运输中产品保持较低温度。采用冷藏车低温运输是较先进的运输方式，能够保持产品在运输过程中处在一定的低温环境中，在保持草莓的品质上有不可替代的作用。不管采用哪种运输方式，均应考虑使用合理的包装和适宜的码垛方式，运输时注意防震和通风，以保证草莓运输中的品质和质量。

其中，对于采用冷藏措施的草莓，冷藏虽然能延缓果实衰老，但草莓从冷库中取出后，其败坏速度比未经冷藏的还要快，所以最好使用冷藏车低温运输，运输过程中的温度宜保持在1～2℃，空气相对湿度保持在90%～95%。内衬塑料薄膜袋，充入10%CO_2。

第八章　草莓生产中存在的食品安全问题

第一节　草莓存在的安全问题

1.1　微生物和寄生虫卵的污染

草莓表皮组织娇嫩，又通常贴地栽培，易受微生物侵染。污染草莓的微生物主要有肠道致病菌、酵母菌、霉菌、醋酸菌等，其来源主要有两个方面：一方面是灌溉用水、肥料和空气中的微生物污染，另一方面是采收后流通过程中侵入的腐生微生物。如果在草莓生长过程中施用有机肥和使用生活废水进行灌溉，其寄生虫污染也较为严重。污染草莓的微生物可造成草莓腐败变质，草莓品质迅速下降，同时有一些致病性微生物和寄生虫卵可以引起人体肠道疾病。

1.2　农药、化肥污染

我国草莓生产中常通过使用农药和化肥来提高产量，但农药和化肥对草莓安全质量有较大影响。成熟后的草莓表面易存在农药残留，鲜食安全性下降，而且草莓的色泽、气味、外形等品质也有所下降，影响生产加工过程和市场销售，使加工产品和销售企业被认可度下降，部分产品不受消费者欢迎，影响消费者、生产者、种植者三者的利益。

随着市场经济的快速发展，很多生产者都在追求利益最大化，大量使用农药和化肥，以增加草莓产量，往往造成农药、化肥的超标使用及残留量的超标，对空气、水、土地、动植物以及环境均可以造成影响，形成恶性循环。农药使用不当导致农药残留超标，会造成消费者某些疾病的发生，如食物中毒、慢性危害、诱发癌症等。另外，氮肥的施用会使产品中硝酸盐含量增加，通过饮食摄入硝酸盐后，硝酸盐在胃内微生物的作用下被还原成亚硝酸盐，亚硝酸盐具有致癌作用。

1.3　工业废水污染

我国草莓种植地区的经济发展较快、交通便利，有利于草莓的运输。然而工业较为发达，如果对工业污染物处理不当，在这些地区种植和生产草莓，容易造成草莓的工业污染，特别是工业废水的污染，会影响草莓的品质。工业废水中的有毒化学物，如酚、氰化物、重金属等，可以直接或者间接污染草莓果实。毒物可通过鲜食进入人体，造成急性或慢性中毒，同时还对人体的骨骼、皮肤及智力造成一定的损害。

1.4　保藏剂的残留

常用草莓保鲜方法有低温保鲜、化学保鲜、涂膜保鲜等。其中化学保鲜应用比较广泛，常用的化学保鲜剂有乳酸钙、植酸、氯化钙、过氧乙酸等，也可以利用涂膜保鲜，但在保鲜剂的使用中，如果不严格按照规定剂量进行操作，就会造成保鲜剂的残留超标，同时有的产品还在使用含硫类保鲜剂，危害更大。

1.5 易损与腐败变质

草莓果皮极薄，富含果汁，十分娇嫩，极易受损伤而腐烂。草莓在贮藏中易受灰霉病、根霉病危害，采用化学或物理处理可以减少霉烂。室温下新鲜草莓失水快，每天可失水2.17%～2.65%，3～4天后即失去商品价值，食用后不仅没有营养功效，还会因为微生物和自身腐败产生的毒素对人体造成危害。

第二节　造成草莓安全问题的原因分析

2.1 草莓种植生产者的食品质量安全意识落后

目前，我国许多草莓种植生产者质量安全意识还比较落后，生产中“重产量、轻品质”的问题较为普遍，生产过程中滥用化肥、农药，使用催熟剂、膨大剂，以及喷洒、贮藏农药的设施和容器未妥善处理等原因造成草莓存在较多的食品安全问题。种植草莓过程中常通过使用农药、化肥、有机肥来防治病虫害和提高产量，三者比较，有机肥要比化肥和农药对草莓的影响较小，化肥和农药在草莓的成熟阶段用的次数比有机肥的次数要多，在草莓成熟后草莓的表面与草莓的果肉中存在农药和化肥残留，对人体健康造成威胁。同时，我国草莓以个体种植为主，资金、人员投入较少，农民得不到相关的技术指导，只有在种植过程中不断探索，以自身探索的经验来种植和生产草莓，因此出现的安全问题也较多，这是造成我国草莓生产中存在安全问题的主要原因。

2.2 种植环境存在污染

我国草莓种植较为分散，农业设施与生产技术不匹配，而且种植区常分布在城市周边地区，空气、水、土地常受到工业污染。这种被工业废气废水污染生产的草莓金属离子含量过高，致使草莓的外观、色泽、气味等品质发生改变，降低商品价值。被消费者长时间食用，还有可能引起慢性中毒，甚至造成慢性危害威胁生命。

2.3　草莓采后处理不当

草莓没有果皮保护的特点，使果肉容易直接接触污染物，被污染后不易清洗，同时草莓不易保存，采收后的草莓往往在短期内直接食用或作为加工原料。在草莓采收及采后处理过程中设施、设备使用不合理，也是造成草莓安全问题的原因。

2.4　食品监管部门监管困难

我国草莓种植面积大、品种多、分布范围广，存在管理不完善、地方产量不稳定、人才储备不足、资金投入少、种植方式不合理等问题，为草莓质量管理造成了很大的困难。同时由于企业诚信和自身管理水平参差不齐，个别企业违法违规生产的风险依然存在，质监部门如不能及时监督到位也容易造成安全隐患。因而，监管不严和监管困难都是造成草莓安全问题的因素，这些问题日积月累得不到及时解决，将会导致食品安全事故的发生。

第三节　解 决 策 略

3.1　加强质量安全管理

国家、企业建立相关的法律、法规和检测机构，不断完善和提高草莓的质量标准，严格执行产品质量标准，使草莓的品质指标达到国家和企业制定的各项标准，使消费者食用草莓更安全、放心。建立从种植源头到市场销售的完整管理体系，使国家机构和企业机构对农民的种植过程与市场销售过程进行有效管理，同时消费者也要行使自己的权利，对草莓生产销售等过程进行监督。鼓励企业建立草莓的追溯体系，使草莓产品全程可追溯，减少草莓在生产中安全问题的出现，同时在出现安全问题后能及时处理和改进。这就要求消费者、国家机构和企业检测机构在出现问题时及时地反馈回企业，使企业生产得到改进，使食品安全问题逐步减少。只有三者的共同努力，使安全问题出现的概率减少，才能保证对人的危害减少。建议生产者选用先进的管理模式和管理办法，在草莓的生产过程中使用良好农业规范（GAP）和危害分析与关键控制点（HACCP）体系，对草莓生产过程主要危害因素进行分析，确定出产地环境、投入品使用、采后处理等环节为关键控制点（CCP），并提出相应的控制措施：产地环境的建立以 GB 2762—2022《食品安全国家标准　食品中污染物限量》、NY/T 5010—2016《无公害农产品　种植业产地环境条件》等标准为主要依据确定关键限值；农药化肥的使用依据 GB/T 8321—2018《农药合理使用准则》、NY/T 496—2010《肥料合理使用准则　通则》确定；检验标准以 GB 2763—2021《食品安全国家标准　食品中农药最大残留限量》为依据。这些先进的管理模式和严格的管理措施有助于规范食品行业秩序和管理，提高食品安全质量。

3.2　加强生产管理，提高生产技术水平，保证产品安全质量

在草莓生产过程中，对安全隐患的防范是非常重要的。改变种植模式，告别单一种植，加大资金和相应技术的投入，建立和改善相关农业设施，因地制宜，改善种植环境，对草莓苗木加大

研发力度，培育品质好的草莓苗木，上述措施是保证产品质量安全的重要途径。具体包括选择洁净的土壤，建立远离工业污染的种植区，采用安全的种植形式（如无土栽培等）；在种植过程中选用抗病虫害的优良品种，减少化学农药的使用，选用高效、低毒、低残留的化学农药或生物农药，多使用不带病菌虫卵的有机肥来减少化肥的使用量；在采后处理过程中控制化学制剂的使用，禁止使用有毒有害物质。只有随着认识的不断提高、种植技术的不断成熟，才能更好地减少食品安全问题的发生，保障消费者健康。

3.3　发展绿色草莓产业

绿色食品是以环保、安全、健康为目标的可持续食品，代表着食品发展的方向。随着人们生活水平的提高，追求环保、安全、健康的食品就成了一种持续需要。绿色产业与发展经济、保护环境、增进人民健康紧密相连，是提升产业层次、加快传统农业向现代效益农业转变的捷径，也是实现农业增效、农民增收的有效手段。绿色产品推行“两端监测、过程控制、质量认证、标志管理”的技术制度，

采取质量认证与证明商标管理相结合的方式。从种植环境的选择到产品的市场销售都严格采用绿色食品生产标准，在生产中不使用或限量使用限定的农药、化肥、生长调节剂等人工合成物。通过严格执行检测标准、加强绿色标志使用管理、政府有力监测相结合，来保证草莓产品质量安全。

第九章　我国草莓中农药最大残留限量标准

第一节　草莓的农药使用现状

1.1　常用农药使用现状及与国外残留限量标准的比对分析

我国现行的 GB 2763—2021《食品安全国家标准　食品中农药最大残留限量》以及 GB 2763.1—2022《食品安全国家标准　食品中 2，4- 滴丁酸钠盐等 112 种农药最大残留限量》（GB 2763.1—2022 是 GB 2763—2021 的增补版）对草莓（含浆果和其他小型水果）共设有 180 项农药最大残留限量指标（其中 84 项指标见表 9-1）。将中国的农药最大残留限量标准与国际食品法典委员会（CAC）、欧盟、日本等国际组织和国家的限量标准进行比较，具体数据见表 9-1。CAC 对草莓制定了 64 项限量指标；欧盟对草莓规定了 510 项限量指标；日本的“肯定列表制度”对草莓设定了 328 项限量指标；韩国对草莓设置了 115 项限量指标。表 9-1 列举的 84 种农药中，除 17 种农药仅在中国有限量规定外，其他 67 种农药至少在 CAC、欧盟、日本之一有限量规定，有些农药在 CAC、欧盟、日本、中国都有限量规定。

1.2　与 CAC 限量标准的比较

在表 9-1 中列举的 84 种农药中，有 37 种农药在 CAC 中有相应的规定。这 37 项农药最大残留限量标准中，中国 89.19% 都与 CAC 要求一致，与 CAC 的一致性程度较高。严于 CAC 规定的农药数目比例比宽松农药数目多，且中国规定的限量标准的农药种类比 CAC 规定的数目多，在中国生产的草莓，如果能满足国内要求，并关注 CAC 对草莓的要求与中国的异同，做到不超标，也就能满足国际上大多数国家对草莓的要求。

1.3　与欧盟限量标准的比较

在表 9-1 中列举的 84 种农药中，有 57 种农药在欧盟标准中有相应规定。总体上，欧盟的标准严于中国，加之欧盟对草莓规定限量标准的农药种类总共有 510 种，远远超过中国规定的农药数目，对草莓质量要求远远严于中国。

1.4　与日本限量标准的比较

在表 9-1 中列举的 84 种农药中，有 60 种农药在日本“肯定列表制度”中有相应的规定。60 项农药最大残留限量标准中仅有 18.33% 严于中国，总体上中国的标准严于日本，但由于日本对无明确限量标准的农药执行“一律限量”标准，即农药残留含量不得超过 0.01 毫克 / 千克，导致日本对草莓规定限量标准的农药种类多达 328 种，远远超过中国规定的农药数目，这对中国出口日本的草莓质量提出了更高要求。

表 9-1　国内外草莓中农药最大残留限量标准的比较

序号	农药名	通用名	日本（毫克/千克）	CAC（毫克/千克）	欧盟（毫克/千克）	中国（毫克/千克）
1	2，4-滴	2，4-D	0.05	0.1	0.05（检出限）	0.1
2	阿维菌素	abamectin	0.02	0.02	0.1	0.02

续表

序号	农药名	通用名	日本(毫克/千克)	CAC(毫克/千克)	欧盟(毫克/千克)	中国(毫克/千克)
3	艾氏剂	aldrin	ND	—	0.01(检出限)	0.05
4	百草枯	paraquat	0.05	0.01	—	0.01
5	倍硫磷	fenthion	—	—	0.01(检出限)	0.05
6	苯丁锡	fenbutatin oxide	10	10	1	10
7	苯氟磺胺	dichlofluanid	—	—	—	10
8	苯线磷	fenamiphos	0.3	—	0.02(检出限)	0.02
9	草甘膦	glyphosate	0.2	—	0.1(检出限)	0.1
10	代森锰锌	mancozeb	—	—	—	5
11	滴滴涕	DDT	0.2	—	0.05(检出限)	0.05
12	狄氏剂	dieldrin	—	—	0.01(检出限)	0.02
13	敌百虫	trichlorfon	1	—	2	0.2
14	敌敌畏	dichlorvos	0.3	—	0.01(检出限)	0.2
15	敌螨普	dinocap	—	0.3	—	0.5
16	地虫硫磷	fonofos	—	—	—	0.01
17	啶虫脒	acetamiprid	3	—	0.5	2
18	啶酰菌胺	boscalid	15	3	10	3
19	毒杀芬	camphechlor	—	—	0.1(检出限)	0.05
20	对硫磷	parathion	0.3	—	—	0.01
21	多菌灵	carbendazim	3	1	—	0.5
22	二嗪磷	diazinon	0.1	0.1	0.01(检出限)	0.1
23	氟酰脲	novaluron	—	—	—	0.5
24	腐霉利	procymidone	10	—	0.02(检出限)	10

续表

序号	农药名	通用名	日本（毫克/千克）	CAC（毫克/千克）	欧盟（毫克/千克）	中国（毫克/千克）
25	环酰菌胺	fenhexamid	10	10	5	10
26	甲胺磷	methamidophos	0.01	—	0.01（检出限）	0.05
27	甲拌磷	phorate	0.05	—	0.05（检出限）	0.01
28	甲苯氟磺胺	tolylfluanid	5	5	5	5
29	甲基对硫磷	parathion-methyl	0.2	—	—	0.02
30	甲基硫环磷	phosfolan-methyl	—	—	—	0.03
31	甲基异柳磷	isofenphos-methyl	—	—	—	0.01
32	甲硫威	methiocarb	1	1	1	1
33	甲氰菊酯	fenpropathrin	5	—	2	2
34	腈菌唑	myclobutanil	1	1	1	1
35	久效磷	monocrotophos	—	—	0.01（检出限）	0.03
36	抗蚜威	pirimicarb	0.5	1	3	1
37	克百威	carbofuran	3	—	0.01（检出限）	0.02
38	克菌丹	captan	20	15	3	15
39	喹氧灵	quinoxyfen	1	1	0.3	1
40	联苯肼酯	bifenazate	5	2	3	2
41	联苯菊酯	bifenthrin	2	1	0.5	1
42	磷胺	phosphamidon	0.2	—	0.01（检出限）	0.05
43	硫环磷	phosfolan	—	—	—	0.03
44	六六六	BHC	0.2	—	0.01（检出限）	0.05

续表

序号	农药名	通用名	日本(毫克/千克)	CAC(毫克/千克)	欧盟(毫克/千克)	中国(毫克/千克)
45	氯苯嘧啶醇	fenarimol	1	1	0.3	1
46	氯虫苯甲酰胺	chlorantraniliprole	1	1	—	1
47	氯丹	chlordane	0.02	—	0.01(检出限)	0.02
48	氯氟氰菊酯和高效氯氟氰菊酯	cyhalothrin and lambda-cyhalothrin	—	—	—	0.2
49	氯化苦	chloropicrin	—	—	0.05	0.05
50	氯菊酯	permethrin	1	1	—	1
51	氯氰菊酯	cypermethrin	2	0.07	0.07	0.07
52	氯唑磷	isazofos	—	—	—	0.01
53	马拉硫磷	malathion	0.5	1	0.02(检出限)	1
54	醚菌酯	kresoxim-methyl	—	—	—	2
55	嘧菌环胺	cyprodinil	1	2	5	2
56	嘧霉胺	pyrimethanil	10	3	5	7
57	灭菌丹	folpet	20	5	3	5
58	灭线磷	ethoprophos	—	—	—	0.02
59	灭蚁灵	mirex	—	—	—	0.01
60	内吸磷	demeton	—	—	—	0.02
61	七氯	heptachlor	0.01	—	0.01(检出限)	0.01
62	嗪氨灵	triforine	2	1	0.01(检出限)	1
63	氰戊菊酯	fenvalerate	1	1	0.02(检出限)	0.2

续表

序号	农药名	通用名	日本（毫克/千克）	CAC（毫克/千克）	欧盟（毫克/千克）	中国（毫克/千克）
64	噻虫啉	thiacloprid	5	1	1	1
65	噻螨酮	hexythiazox	2	0.5	0.5	0.5
66	三唑醇	triadimenol	0.1	0.7	0.5	0.7
67	三唑酮	triadimefon	0.5	0.7	0.5	0.7
68	杀虫脒	chlordimeform	—	—	—	0.01
69	杀螟硫磷	fenitrothion	0.2	—	0.01（检出限）	0.5
70	四螨嗪	clofentezine	2	2	2	2
71	特丁硫磷	terbufos	0.005	—	0.01（检出限）	0.01
72	涕灭威	aldicarb	0.2	—	0.02（检出限）	0.02
73	戊菌唑	penconazole	0.1	0.1	—	0.1
74	烯酰吗啉	dimethomorph	0.05	0.05	0.7	0.05
75	辛硫磷	phoxim	0.02	—	0.01（检出限）	0.05
76	溴甲烷	methyl bromide	—	—	—	0.02
77	溴螨酯	bromopropylate	2	2	0.01（检出限）	2
78	溴氰菊酯	deltamethrin	0.2	0.2	—	0.2
79	氧乐果	omethoate	1	—	—	0.02
80	乙酰甲胺磷	acephate	—	—	0.01（检出限）	0.02
81	异狄氏剂	endrin	ND	—	0.01（检出限）	0.05
82	抑霉唑	imazalil	2	2	0.05（检出限）	2
83	蝇毒磷	coumaphos	—	—	—	0.05
84	治螟磷	sulfotep	—	—	—	0.01

注：ND 为不得检出；—为无限量规定。

第二节　草莓常用农药的风险分析及关键点控制

从农药最大残留限量的整体水平来看，我国对草莓中农药最大残留限量的标准严于CAC，而松于日本和欧盟，并与其存在较明显的差距。主要表现为我国对草莓制定相关农药最大残留限量标准数量明显偏少，且有限量标准的农药种类相对陈旧，如艾氏剂、狄氏剂、滴滴涕、六六六等，与实际使用情况存在较大差别。同时，日本和欧盟不仅规定的农药种类远远超过中国，而且设定的限量指标比较严格，日本很多指标都采取了“一律限量”标准，欧盟常采取检出限作为限量值。表9–1所示的84种农药中，57.89%使用时存在较大风险。日本“肯定列表制度”和欧盟标准对草莓设定的农药最大残留限量指标，大多数比较宽泛，可供选择用药的空间较大。出口草莓的农药使用不仅要符合我国标准的要求，同时也要符合出口国农药最大残留限量标准的要求，在保证草莓质量安全方面，农药的选择和使用应需更谨慎。因此，草莓中农药关键控制点主要有以下几个方面。

2.1　从源头抓起

一方面加强农药来源的监管，包括农药生产者不生产含隐形成分的农药，在农药商标上如实注明农药成分及含量；另一方面，农药经销商需通过正规渠道购买正规厂家生产的合格农药产品，并采取合理的保存措施。

2.2　种植者合理选择农药

种植者要根据草莓病虫害情况，在正规农药经销商处购买在草莓种植过程中登记允许使用的农药，不购买登记外的农药。出口企业需根据进口国农药最大残留限量标准的要求科学合理地进行取舍和选择，对那些设定限量指标比较严格的农药，生产中注意回避和限制使用，将安全、低毒、残效期短、防治效果好、残留限量标准较宽的药剂作为首选品种。

2.3　合理使用农药

根据农药使用说明，在合适时间按规定浓度配比合理施用，并严格遵守安全间隔期。建议多种农药交替使用。在无多种农药选择的情况下，则应选择残留限量标准相对宽松的农药，在遵守良好操作规范的前提下，严格限制使用，以极大地防范和杜绝出口草莓中农药残留超标。

第三节　我国草莓中农药最大残留限量新标准

我国草莓中农药最大残留限量标准可追溯到 GB 2763—1981《粮食、蔬菜等食品中六六六、滴滴涕残留量标准》，甚至更早的 GBn 53—1977。2005 年，我国发布实施 GB 2763—2005《食品中农药最大残留限量》，代替之前所有发布实施的农药最大残留限量国家标准。2012 年 11 月 16 日，我国发布了 GB 2763—2012《食品安全国家标准　食品中农药最大残留限量》，成为我国唯一的农药最大残留限量标准。此后，我国先后发布了 GB 2763—2014《食品安全国家标准　食品中农药最大残留限量》、GB 2763—2016《食品安全国家标准　食品中农药最大残留限量》、GB 2763.1—2018《食品安全国家标准　食品中百草枯等 43 种农药最大残留限量》、GB 2763—2019《食品安全国家标准　食品中农药最大残留限量》、GB 2763—2021 和 GB 2763.1—2022。截至当前国家标准的最新版本为

GB 2763—2021 和 GB 2763.1—2022，我国草莓中农药最大残留限量指标由最初的 2 项增加到 180 项。

3.1 草莓中农药最大残留限量标准

GB 2763—2016 和 GB 2763.1—2018 仅针对草莓产品规定的农药最大残留限量标准有 40 项，针对浆果和其他小型水果规定的限量标准有 51 项，针对水果（单列的除外）规定的限量标准有 1 项，合计有 92 项限量标准。GB 2763—2019 仅针对草莓产品规定的农药最大残留限量标准有 69 项，针对浆果和其他小型水果规定的限量标准有 55 项，针对水果（单列的除外）规定的限量标准有 1 项，合计有 125 项限量标准，比 GB 2763—2016 和 GB 2763.1—2018 中规定的 92 项限量标准增加了 33 项，增幅为 35.9%。其中仅针对草莓产品规定的限量标准由原来的 40 项增加到 69 项，增幅高达 72.5%。增加的 33 项限量标准分别是针对百菌清、苯菌酮、吡虫啉、吡噻菌胺、吡唑醚菌酯、丙森锌、草铵膦、代森铵、代森联、敌草快、丁氟螨酯、毒死蜱、氟吡菌酰胺、氟啶虫胺腈、氟菌唑、福美双、福美锌、咯菌腈、甲氧虫酰肼、螺虫乙酯、螺螨酯、咪唑菌酮、嘧菌酯、噻草酮、噻虫胺、噻虫嗪、噻嗪酮、四氟醚唑、硝苯菌酯、硝磺草酮、溴氰虫酰胺、依维菌素、唑螨酯等农药制定的。GB 2763—2021 在此基础上再增加了 52 项限量标准，分别是针对草芽畏、格螨酯、灭螨醌、活化酯、乐杀螨、丁硫克百威、毒虫畏、草枯醚、乙酯杀螨醇、氯苯甲醚、丙酯杀螨醇、氯磺隆、氯酞酸、氯酞酸甲酯、巴毒磷、环螨酯、茅草枯、甜菜安、三氯杀螨醇、苯醚甲环唑、乐果、消螨酚、戊硝酚、特乐酚、甲氨基阿维菌素苯甲酸盐、硫丹、抑草蓬、胺苯磺隆、胺苯吡菌酮、氟啶虫酰胺、吡氟禾草灵和精吡氟禾草灵、氟噻虫砜、三氟硝草醚、氟除草醚、氟吡呋喃酮、氟硅唑、氟唑菌酰胺、庚烯磷、毒菌酚、烯虫乙酯、茚草酮、异丙噻菌胺、烯虫炔酯、甲氧滴滴涕、甲磺隆、速灭磷、二溴磷、乙基多杀菌素、螺甲螨酯、戊唑醇、杀虫畏、灭草环等农药制定的。2022 年又增补了 3 项限量标准，分别是针对多抗霉素、甜菜宁和乙螨唑制定的，限量标准总数达到 180 项（表 9–2）。按食品类别分，适用于浆果和其他小型水果的农药最大残留限量标准最多，由原来的 55 项增加到 93 项，增幅高达 69.1%，占总限量标准数量的 51.67%；适用于草莓产品的农药最大残留限量标准有 86 项，占总限量标准数量的 47.78%；适用于水果（单列的除外）的农药最大残留限量标准有 1 项。

3.2　登记农药的限量标准

根据中国农药信息网数据显示，截至 2024 年 10 月 1 日，国内登记在草莓上使用且在有效期内的农药产品共计 162 个，包括单剂 116 个，二元复配剂 46 个。若以登记的有效成分计，单剂有 50 种，二元复配剂（各有效成分分开计）有 35 种，共计有 72 种。其中有 37 种有效成分在 GB 2763—2021 及 GB 2763.1—2022 中规定了最大残留限量，包括 9 种杀虫剂、23 种杀菌剂、3 种杀螨剂及 2 种除草剂。另有氨基寡糖素、甲基营养型芽孢杆菌、解淀粉芽孢杆菌、枯草芽孢杆菌、多粘类芽孢杆菌、木霉菌 6 种有效成分在 GB 2763—2021 的附录 B《豁免制定食品中最大残留限量标准的农药名单》中。其余 29 种有效成分在两个标准中均没有适用于草莓的限量标准，其中春雷霉素、二氰蒽醌、氟啶胺、咪鲜胺、氰烯菌酯、噻苯隆、乙嘧酚、乙嘧酚磺酸酯、氟唑菌酰羟胺、井冈霉素、噻唑锌、异菌脲、苦参碱、硫酰氟、双丙环虫酯、吡蚜酮、腈吡螨酯、乙唑螨腈、棉隆、异硫氰酸烯丙酯等 20 种有效成分在其他食品中已规定最大残留限量，而 24– 表芸薹素内酯、D–柠檬烯、大黄素甲醚、β – 羽扇豆球蛋白多肽、藜芦碱、蛇床子素、萜烯醇、苄氨基嘌呤、赤霉酸等 9 种有效成分在所有食品中均未制定限量标准。

3.3 配套的检测方法

GB 2763—2021 和 GB 2763.1—2022 涉及草莓的 180 项农药最大残留限量标准中有 39 项没有推荐相配套的检测方法，占总数的 21.67%；其中多数为新增的限量标准，但涉及氟啶虫胺腈、依维菌素、螺虫乙酯、氯虫苯甲酰胺、特丁硫磷、溴氰虫酰胺、苯菌酮、吡噻菌胺、氟吡菌酰胺、氟菌唑、环酰菌胺、嗪氨灵、硝苯菌酯、噻草酮、百草枯、甲硫威、溴甲烷的 17 项限量标准不是最新增加的，但仍没有推荐的检测方法。其余 141 项农药最大残留限量推荐了相应的检测方法。

3.4 核实修订的信息

GB 2763—2021 还对部分农药的限量范围或限量值进行了调整。溴甲烷在草莓中的临时限量为 30 毫克 / 千克，改成在浆果和其他小型水果中的临时限量为 0.02 毫克 / 千克；乙酰甲胺磷的限量值由 0.5 毫克 / 千克改为 0.02 毫克 / 千克；杀螟硫磷和氯化苦的临时限量改为正式限量。按限量范围分，所有农药限量值均 ≥ 0.01 毫克 / 千克，其中限量值 ≥ 10 毫克 / 千克的有 6 项，限量值在 1 ～ < 10 毫克 / 千克的有 55 项，限量值在 0.1 ～ < 1 毫克 / 千克的有 34 项，限量值在 0.01 ～ < 0.1 毫克 / 千克的有 85 项（其中限量值为 0.01 毫克 / 千克的有 43 项）。按农药使用规范分，常规农药最大残留限量有 133 项，禁限用农药最大残留限量有 47 项。我国禁用农药有 36 种，涉及硫丹、苯线磷等，其中溴甲烷仅可用于检疫熏蒸处理，氧乐果、克百威、灭多威、涕灭威将于 2026 年 6 月 1 日起禁止销售和使用，过渡期内禁止在瓜果上使用。氯丹、

灭蚁灵、七氯和异狄氏剂 4 种农药属于全球范围内禁用农药，虽然七氯和异狄氏剂不在我国禁用农药目录中，但仍一起被列为禁用农药。限用农药最大残留限量有 9 项，涉及毒死蜱、丁硫克百威等，其中丁硫克百威、乐果、氟虫腈、内吸磷、硫环磷、氯唑磷、乙酰甲胺磷禁止在瓜果上使用，而毒死蜱、氰戊菊酯和 S- 氰戊菊酯虽然禁止在蔬菜或茶叶上使用，但并未禁止在瓜果上使用。这些信息的修改、调整均是基于我国农药残留试验及监测数据、我国居民膳食消费数据、农药毒理学数据等，经过科学风险评估后制定的。因此，修改、调整后的数据将更加科学规范，也更符合我国农业生产实际。

表 9–2　新标准规定的草莓中农药最大残留限量及检测方法

农药名称		国内登记	最大残留限量（毫克 / 千克）	检测方法
杀虫剂（80 项）	阿维菌素	是	0.02[a]	有
	吡虫啉	是	0.5[a]	有
	毒死蜱[R]	否	0.3[a]	有
	二嗪磷	否	0.1[a]	有
	氟啶虫胺腈	否	0.5[*a]	无
	氟酰脲	是	0.5[a]	有
	甲氰菊酯	否	2[a]	有
	甲氧虫酰肼	否	2[a]	有
	氯菊酯	否	1[a]	有
	氯氰菊酯和高效氯氰菊酯	否	0.07[a]	有
	马拉硫磷	否	1[a]	有

续表

农药名称		国内登记	最大残留限量（毫克/千克）	检测方法
杀虫剂（80项）	噻嗪酮	否	3[a]	有
	溴氰菊酯	否	0.2[a]	有
	依维菌素	是	0.1[*a]	无
	乙基多杀菌素	否	0.15[*na]	无
	氟吡呋喃酮	是	1.5[*na]	无
	氟啶虫酰胺	是	1.2[na]	有
	甲氨基阿维菌素苯甲酸盐	是	0.1[na]	有
	巴毒磷	否	0.02[*nb]	有
	丙酯杀螨醇	否	0.02[*nb]	有
	丁硫克百威[R*]	否	0.01[nb]	有
	毒虫畏	否	0.01[nb]	有
	二溴磷	否	0.01[*nb]	无
	庚烯磷	否	0.01[*nb]	有
	甲氧滴滴涕	否	0.01[nb]	有
	乐果[R*]	否	0.01[nb]	有
	硫丹[P]	否	0.05[nb]	有
	杀虫畏	否	0.01[nb]	有
	烯虫炔酯	否	0.01[*nb]	无
	烯虫乙酯	否	0.01[*nb]	无
	倍硫磷	否	0.05[b]	有

续表

农药名称		国内登记	最大残留限量（毫克 / 千克）	检测方法
杀虫剂（80 项）	苯线磷 [P]	否	0.02[b]	有
	敌百虫	否	0.2[b]	有
	敌敌畏	否	0.2[b]	有
	地虫硫磷 [P]	否	0.01[b]	有
	啶虫脒	是	2[b]	有
	对硫磷 [P]	否	0.01[b]	有
	氟虫腈 [R*]	否	0.02[b]	有
	甲胺磷 [P]	否	0.05[b]	有
	甲拌磷 [P]	否	0.01[b]	有
	甲基对硫磷 [P]	否	0.02[b]	有
	甲基硫环磷 [P]	否	0.03[*b]	有
	甲基异柳磷 [P]	否	0.01[*b]	有
	久效磷 [P]	否	0.03[b]	有
	抗蚜威	否	1[b]	有
	克百威 [P]	否	0.02[b]	有
	磷胺 [P]	否	0.05[b]	有
	硫环磷 [R*]	否	0.03[b]	有
	硫线磷 [P]	否	0.02[b]	有
	螺虫乙酯	否	1.5[*b]	无
	氯虫苯甲酰胺	否	1[*b]	无

续表

农药名称		国内登记	最大残留限量（毫克/千克）	检测方法
杀虫剂（80项）	氯氟氰菊酯和高效氯氟氰菊酯	否	0.2[b]	有
	氯唑磷[R*]	否	0.01[b]	有
	灭多威[P]	否	0.2[b]	有
	氰戊菊酯和S-氰戊菊酯[R]	否	0.2[b]	有
	噻虫胺	是	0.07[b]	有
	噻虫啉	否	1[b]	有
	噻虫嗪	否	0.5[b]	有
	杀虫脒[P]	否	0.01[b]	有
	杀螟硫磷	否	0.5[b]	有
	杀扑磷[P]	否	0.05[b]	有
	水胺硫磷[P]	否	0.05[b]	有
	特丁硫磷[P]	否	0.01[*b]	无
	涕灭威[P]	否	0.02[b]	有
	辛硫磷	否	0.05[b]	有
	溴氰虫酰胺	否	4[*b]	无
	氧乐果[P]	否	0.02[b]	有
	乙酰甲胺磷[R*]	否	0.02[b]	有
	蝇毒磷[P]	否	0.05[b]	有
	治螟磷[P]	否	0.01[b]	有
	艾氏剂[P]	否	0.05[b]	有

续表

农药名称		国内登记	最大残留限量（毫克/千克）	检测方法
杀虫剂（80项）	滴滴涕[P]	否	0.05[b]	有
	狄氏剂[P]	否	0.02[b]	有
	毒杀芬[P]	否	0.05[*b]	有
	六六六[P]	否	0.05[b]	有
	氯丹[P/WP]	否	0.02[b]	有
	灭蚁灵[P/WP]	否	0.01[b]	有
	七氯[WP]	否	0.01[b]	有
	异狄氏剂[WP]	否	0.05[b]	有
	保棉磷	否	1[c]	有
杀菌剂（50项）	百菌清	否	5[a]	有
	苯氟磺胺	否	10[a]	有
	苯菌酮	否	0.6[*a]	无
	吡噻菌胺	否	3[*a]	无
	吡唑醚菌酯	是	2[a]	有
	丙森锌	否	5[a]	有
	代森铵	否	5[a]	有
	代森联	否	5[a]	有
	代森锰锌	是	5[a]	有
	敌螨普	否	0.5[*a]	无
	啶酰菌胺	是	3[a]	有
	多菌灵	否	0.5[a]	有

续表

农药名称		国内登记	最大残留限量（毫克 / 千克）	检测方法
杀菌剂（50 项）	粉唑醇	是	1[a]	有
	氟吡菌酰胺	是	0.4[*a]	无
	氟菌唑	是	2[*a]	无
	福美双	否	5[a]	有
	福美锌	否	5[a]	有
	腐霉利	是	10[a]	有
	咯菌腈	是	3[a]	有
	环酰菌胺	否	10[*a]	无
	甲苯氟磺胺	否	5[a]	有
	腈菌唑	是	1[a]	有
	克菌丹	是	15[a]	有
	喹氧灵	否	1[a]	有
	氯苯嘧啶醇	否	1[a]	有
	咪唑菌酮	否	0.04[a]	有
	醚菌酯	是	2[a]	有
	嘧菌环胺	是	2[a]	有
	嘧菌酯	是	10[a]	有
	嘧霉胺	是	7[a]	有
	灭菌丹	否	5[a]	有
	嗪氨灵	否	1[*a]	无
	三唑醇	否	0.7[a]	有

续表

农药名称		国内登记	最大残留限量（毫克/千克）	检测方法
杀菌剂（50项）	三唑酮	否	0.7[a]	有
	四氟醚唑	是	3[a]	有
	肟菌酯	是	1[a]	有
	戊菌唑	是	0.1[a]	有
	烯酰吗啉	否	0.05[a]	有
	硝苯菌酯	否	0.3[*a]	无
	抑霉唑	是	2[a]	有
	胺苯吡菌酮	否	3[*na]	无
	苯醚甲环唑	是	3[na]	有
	氟硅唑	否	1[na]	有
	氟唑菌酰胺	是	2[*na]	无
	活化酯	否	0.15[na]	有
	戊唑醇	是	2[na]	有
	异丙噻菌胺	是	4[*na]	无
	多抗霉素	是	0.5[*na]	无
	毒菌酚	否	0.01[*nb]	无
	氯苯甲醚	否	0.01[nb]	有
杀虫/杀螨剂（4项）	联苯菊酯	否	1[a]	有
	内吸磷[R*]	否	0.02[b]	有
	速灭磷	否	0.01[nb]	有
	消螨酚	否	0.01[*nb]	无

续表

农药名称		国内登记	最大残留限量（毫克/千克）	检测方法
除草剂（24项）	草铵膦	否	0.3[a]	有
	敌草快	否	0.05[a]	有
	噻草酮	否	3[*a]	无
	吡氟禾草灵和精吡氟禾草灵	否	3[*na]	有
	甜菜安	是	0.05[na]	有
	甜菜宁	是	0.1[na]	有
	胺苯磺隆[P]	否	0.01[nb]	有
	草枯醚	否	0.01[*nb]	无
	草芽畏	否	0.01[*nb]	无
	氟除草醚	否	0.01[*nb]	无
	甲磺隆[P]	否	0.01[nb]	有
	氯磺隆[P]	否	0.01[nb]	有
	氯酞酸	否	0.01[*nb]	无
	氯酞酸甲酯	否	0.01[nb]	有
	茅草枯	否	0.01[*nb]	无
	灭草环	否	0.05[*nb]	有
	三氟硝草醚	否	0.01[*nb]	有
	特乐酚	否	0.01[*nb]	有
	抑草蓬	否	0.05[*nb]	有
	茚草酮	否	0.01[*nb]	有

续表

农药名称		国内登记	最大残留限量（毫克/千克）	检测方法
除草剂（24项）	2，4—滴和 2，4—滴钠盐	否	0.1[b]	有
	百草枯[P]	否	0.01[*b]	无
	草甘膦	否	0.1[b]	有
	硝磺草酮	否	0.01[b]	有
杀螨剂（15项）	苯丁锡	否	10[a]	有
	丁氟螨酯	是	0.6[a]	有
	联苯肼酯	是	2[a]	有
	螺螨酯	否	2[a]	有
	噻螨酮	否	0.5[a]	有
	四螨嗪	否	2[a]	有
	溴螨酯	否	2[a]	有
	唑螨酯	否	0.8[a]	有
	螺甲螨酯	否	3[*na]	无
	乙螨唑	是	2[na]	有
	格螨酯	否	0.01[*nb]	无
	环螨酯	否	0.01[*nb]	无
	三氯杀螨醇[P]	否	0.01[nb]	有
	乙酯杀螨醇	否	0.01[nb]	有
	灭螨醌	否	0.01[nb]	有

续表

农药名称		国内登记	最大残留限量（毫克 / 千克）	检测方法
杀线虫剂（2 项）	氟噻虫砜	否	0.5[*na]	无
	灭线磷[P]	否	0.02[b]	有
杀软体动物剂（1 项）	甲硫威	否	1[*a]	无
熏蒸剂（2 项）	氯化苦	否	0.05[a]	有
	溴甲烷[P]	否	0.02[*b]	无
杀螨 / 杀菌剂（1 项）	乐杀螨	否	0.05[*nb]	有
杀虫 / 除草剂（1 项）	戊硝酚	否	0.01[*nb]	无

注：[WP]指全球范围内禁用农药；[P]指我国禁用农药，其中氧乐果、克百威、灭多威、涕灭威将于 2026 年 6 月 1 日起禁止销售和使用，过渡期内在瓜果上禁用；[R]指我国限用农药，其中[R*]指在瓜果上禁用；[n]为新增限量；[*]为临时限量。不同字母代表适用于不同食品类别，[a]表示适用于草莓，[b]表示适用于浆果和其他小型水果，[c]表示适用于水果（单列的除外）。

第四节　我国草莓中农药最大残留限量标准存在的问题

4.1　草莓中农药最大残留限量标准数量仍显不足

目前，国际组织和发达国家制定的农药最大残留限量标准是具体到作物的。CAC适用于草莓的农药最大残留限量标准有64项，欧盟有510项，日本有328项，韩国有115项。虽然近年来我国适用于草莓的农药最大残留限量标准数量已逐步上升到180项，但其中仅针对草莓产品的农药最大残留限量标准只有86项（占47.78%），另有93项（占51.67%）是针对浆果和其他小型水果的。故仅以草莓产品的限量标准计，我国草莓的限量标准数量略高于CAC，但远低于欧盟、日本和韩国制定的限量标准数量。另外，在实际生产过程中，农药在不同类别水果中的使用方式和降解规律是有差异的，采用浆果和其他小型水果这一类别的限量标准存在一定的不确定性，进一步针对草莓本身制定限量标准才是最科学和合理的。

4.2　生产用药和登记农药限量标准缺失

作为特色作物的草莓，以大棚种植为主，其高温高湿环境有利于病虫害的发生。据调查，草莓上常见的病虫害有灰霉病、白粉病、炭疽病、叶螨、蚜虫、蓟马等15种，生产过程中需多次使用农药进行防治。常用农药有甲霜灵、烯唑醇、甲基硫菌灵、茚虫威、哒螨灵、烯啶虫胺等，但标准中并未规定这些农药的残留限量，且这些农药均未在草莓上登记使用，生产上无合法药可用、无限量标准可依的问题仍然存在。此外，国内在草莓上登记使用的苦参碱、棉隆、24-表芸薹素内酯、藜芦碱和蛇床子素等农药也还未规定农药最大残留限量。这些限量标准的缺失将导致无法评价草莓质量安全，容易使生产者产生误解而过量使用，从而增加草莓中农药残留污染的风险。针对此现象，一些国际组织和国家在农产品质量安全管理中执行“一律限量”标准进行监管。如日本已采纳含量不超过 0.01 毫克 / 千克的“一律限量”标准。加拿大、新西兰、韩国、泰国、摩洛哥等国家也正在制定和实施“一律限量”标准，而我国在此方面仍是空白。

4.3 限量标准配套技术亟待补充

虽然 GB 2763—2021 中规定了氟啶虫胺腈、依维菌素、乙基多杀菌素、氟吡呋喃酮、二溴磷、烯虫炔酯、烯虫乙酯、螺虫乙酯、氯虫苯甲酰胺、特丁硫磷、溴氰虫酰胺、苯菌酮、吡噻菌胺等 39 种农药的最大残留限量，但没有给出相应的检测方法。由于缺少检测方法标准，也就不能判定草莓中农药残留是否符合这些限量标准要求，即难以按这些限量标准来评价草莓质量合格与否。

第十章　草莓质量安全 HACCP 体系的建立与应用

危害分析与关键控制点（HACCP）体系是近年来在国际食品行业中广泛应用的一种可有效控制食品安全危害的预防性质量控制体系，它是通过食品加工过程的关键环节实施有效的监控，包括从原料采购到加工、储存和运输，乃至批发和零售的全过程进行危害确认、危害评估和危害控制，从而将食品安全危害降低至最低水平。

第一节　草莓生产过程危害分析

对草莓生产过程进行分析，产地环境、投入品使用和采后处理环节是危及产品安全的关键环节，主要有生物危害（微生物等）和化学危害（农药残留）等。

1.1　产地环境危害分析

环境是影响草莓安全的关键因素之一。环境危害主要来自空气、灌溉水、土壤。随着社会的不断发展，工业化程度的提高，工业生产过程中不合理排放废气、废液、废渣和滥用化学品都会引起空气、水体、土壤等环境因素的污染，最终造成农作物污染，导致产品不安全。环境对草莓安全的影响主要是指污染物对产地环境的影响，包括各种有毒的金属和非金属、有机物和无机物等，这些污染物处理不当会污染产地环境，最终残留于草莓中，被人食用后能引起急性或慢性中毒。

1.2 投入品使用危害分析

1.2.1 有机肥料的施用

在草莓种植过程中有机肥的主要原料包括猪粪、鸡粪、牛粪，其中含有大量的致病菌和寄生虫，如果使用不当会导致致病菌和寄生虫污染土壤，进而污染草莓，因此在施用有机肥料之前应该充分地腐熟，利用高温发酵杀灭其中的有害微生物和寄生虫。另外，有机肥中还含有重金属、兽药残留等有害物质，易在草莓中富集。另外有机肥的施用也应适量，如施用不当也会造成氮肥过多。

1.2.2 化学肥料的施用

由于化学肥料是投放农田数量最多的农用化学物质，对生态环境的影响也是较广的。大量施用化肥会破坏土壤结构，导致土壤板结和地力衰退。草莓是一种直接食用的经济作物。在生产中，化肥使用不当，容易对人类健康产生较大影响。目前草莓生产上施用的化肥多以氮肥为主，易造成周围环境的硝酸盐含量增加，人通过饮食等途径摄入硝酸盐，硝酸盐在胃肠中微生物的作用下，被还原成亚硝酸盐，而亚硝酸盐则是公认的致癌物质。

1.2.3 农药的使用

草莓生产过程中农药使用主要问题：①不按国家标准使用农药，选择不应使用在草莓上的农药品种。②不能科学、规范地使用农药，剂量、次数不按标准执行。大量、超剂量地使用农药使病虫害的抗药性不断增强。③种植人员食品安全意识淡薄，不按照农药安全间隔期采收。草莓种植过程中，化学农药使用量较大，农药的使用不但直接危害果农健康，而且使果品中有害农药的残留量增加，造成食用者急性或慢性中毒。另外，农药对环境的污染和生态系统的破坏，不仅直接影响人类健康，还加重了生产者对化学农药的依赖，使喷药浓度加大，次数变多，从而走上恶性循环之路。

1.3　采后处理危害分析

在采后的包装、贮存、运输等环节，危害来自微生物污染和不合格的包装材料及其他有毒有害物质污染。草莓具有易受微生物侵染而腐烂变质、保鲜难的特点，操作过程中若造成产品受外部挤压或受到机械损伤，伤处极易受到微生物污染。此外，不洁的包装材料和运输工具也会造成产品二次污染。

第二节　关键控制点（CCP）及控制措施

2.1　产地环境（CCP1）

草莓产地应选择在生态条件良好，远离污染源，并具有可持续生产能力的农业生产区域。产地环境为关键控制点，应达到相应标准的要求（GB 2762—2022 和 NY/T 5010—2016）。主要控制措施：①产地选择在远离城市、主干道，污染少，生态环境良好的农业生产区域。②对产地土壤进行消毒。土壤中各项指标符合国家土壤环境质量标准（GB 15618—2018）。③灌溉水各项指标符合国家农田水质标准（GB 5084—2021）。④定期对环境质量（空气、土壤、灌溉水）进行检测监控，防止污染物超标。⑤保持产地环境洁净。

2.2 投入品使用（CCP2）

2.2.1 有机肥施用

有机肥的主要原料有猪粪、鸡粪、牛粪等，在有机肥中含有大量的有害微生物、寄生虫、重金属、兽药残留。其中有害微生物和寄生虫可通过高温腐熟去除，若不去除将污染土壤，进而污染草莓，故列为关键控制点，而重金属、兽药残留按照目前的技术水平在有机肥的施用阶段较难去除，暂不列为关键控制点。

2.2.2 化学肥料施用

在草莓种植过程中慎用化肥，化学肥料的施用量应少于总氮量的50%，有机肥料大于总氮量的50%。结合草莓需肥规律制订施肥方案。应该选购符合国家化肥生产标准、有产品合格证的化肥，并提供相关检测报告。施用中应建立健全完善的肥料施用管理制度，针对化肥的购买、使用、保管做好记录。

2.2.3 农药的使用

草莓的生长过程中，从秧苗栽植至第一批草莓的采收，主要处于秋冬季节，病虫害发生较少，一般不使用农药，而从第一批采收结束至第二批采收期间处于春季，病虫害多发，需使用农药预防，发生在草莓上的病害主要以灰霉病和白粉病为主。禁止使用高毒、高残留农药，有限度地使用部分有机合成农药。农药合理使用准则参照GB/T 8321—2018（所有部分）执行。主要控制措施：①购买“三证”（生产许可证、农药登记证、经营许可证）齐全的农药。②注意农药使用种类、剂量、次数、安全间隔期。③大棚是一个较封闭的环境，空气的流动性较差，一种杀菌剂使用次数过多，很容易使病菌产生抗药性，因此必须轮换使用不同类型的杀菌剂。④如果是在采收期，应先采果后喷药，同时注意交替用药，合理混用。⑤建立健全完善的农药使用管理制度，提高相关工作人员安全意识，并针对农药的购买、使用、保管做好记录。

2.3　采后处理（CCP3）

主要控制由操作不当造成的机械损伤和由不洁环境及包装材料对草莓造成的生物性污染。主要控制措施：①根据草莓果实的成熟期决定采收时间，采收在清晨露水已干至中午或傍晚转凉后进行，注意采摘方式，采收时用拇指和食指掐断果柄，将果实按大小分级摆放于容器内，采摘的果实要求果柄短，不损伤花萼，无机械损伤，无病虫害。轻拿、轻摘、轻放，避免人为损伤。②采收用的容器洁净卫生，底部要平，内壁光滑，内垫海绵或其他软的衬垫物。③采收后要立即在阴凉通风处分级包装，包装材料符合 GB 4806.13—2023《食品安全国家标准　食品接触材料和制品》要求。④草莓采后要及时销售。短期内可贮存在 5℃左右的低温库内，保持温湿度恒定。贮存环境和运输工具要保持清洁卫生，减少害虫、微生物对草莓果实的污染。

第三节　草莓生产过程 HACCP 计划

对草莓生产过程中的各个因素进行分析，制订 HACCP 计划（表 10–1）。

表 10–1　草莓生产过程 HACCP 计划

CCP	显著危害	关键限值	监控				纠偏措施	记录	验证
			对象	方法	频率	人员			
产地环境	水和土壤中的有毒金属和非金属、有机物和无机物等	参照 NY/T 5010—2016	水、土壤	对产地土壤进行消毒；对环境质量进行检测监控，防止污染物超标	每次种苗之前和用水前	质量管理部门	不得使用不符合国家标准的灌溉水和土壤进行生产种植	消毒情况、检测的各项指标	定期对各项指标进行检验验证
有机肥施用	有害微生物	致病微生物不得检出	有机肥	高温腐熟	使用前	质量管理部门	高温腐熟后仍不达标拒收	发酵时间、菌群检测报告	对致病微生物进行检测
化肥施用	元素富集	符合国家化肥生产标准	化肥	购买有产品合格证的化肥，要求提供相应检测报告	每次购买化肥前	采购部门	无合格证拒收	购买化肥的凭证、合格证及检测报告	请相关检测机构进行检测
农药使用	农药残留	参照 GB/T 8321—2018	农药	购买“三证”（生产许可证、农药登记证、经营许可证）齐全的农药；严格按照国家标准控制农药种类、剂量、次数、安全间隔期；轮换用药	每批	采购部门和质量管理部门	农药残留超过国家标准不得出售	购买农药的凭证，农药使用的种类、剂量、次数，使用人员	对农药残留进行检测
采后处理	包装材料污染	参照 GB 4806.13—2023	包装材料	选用食品级包装材料	每批	质量管理部门	非食品专用包装拒收	包装材料的检测报告	检查相关的合格证书

第十一章　互联网背景下的草莓销售对策

第一节　草莓互联网销售现状

草莓的互联网销售虽已起步，但发展较慢，主要表现在以下三个方面。

1.1　草莓营销主体规模小

目前，虽然已有大量的农业种植合作社，但随着“草莓热”，各家各户分散种植草莓依然是普遍现象，大多数个体农户以及小规模种植户即便勉强融入新型市场，也会暴露出自身的“功能性缺陷”。当前，草莓销售仍然以批发市场和农贸市场为主，这种营销渠道虽对草莓的销售起到了重要作用，但无法缓解产需之间的矛盾。

1.2　利用互联网进行销售的农户不多

随着我国农村劳动力向二、三产业转移，当前草莓种植从业人员的年龄在 50 ～ 65 岁的居多，对网络销售不熟悉。年轻人运用网络销售具有绝对优势，但年轻创业者加入草莓种销产业的数量不多。大多数留守种植草莓的农户整体素质偏低，缺乏开拓创新观念，一家一户小农保守思想严重，合作组织能力不强，农产品销售仍处于传统模式。另外，部分地区缺乏农产品电子商务人才，究其原因：一是高校毕业生主观上不想回到农村发展；二是多数电商销售方面的人才到农村工作发展一段时间后，会因待遇、环境不能满足其要求而选择离开。

1.3　草莓质量监督体系不健全

近年来，草莓面积和总产量增长较快，不少农户已将农用耕地改为种植草莓，市场竞争激烈。草莓主产区春季棚内湿度高，易发生病虫害，种植户的不规范用药导致农药残留超标，存在产品不合格的安全隐患，严重影响了草莓的品牌声誉，质量安全问题已受到政府和消费者的高度关注。除此之外，草莓运输包装物大都是含有毒化学物质的泡沫制品或塑料制品，存在食品安全隐患，影响了优质草莓的品牌形象。上述因素导致品牌草莓质量良莠不齐，而且尚没有专门机构对草莓质量进行监管，监督体系不健全也制约了草莓的网络销售量。

第二节　草莓互联网销售对策

2.1　提高农户对互联网的认识

一是要完善硬件设施。政府应加强广大种植草莓地区的互联网基础设施建设，提高互联网的普及率及传输效率，为互联网交易在全国的推进提供基本条件，同时提高具备互联网功能的电子设备的普及率。二是推动“互联网＋草莓”的产业输入理念，让当地的领导和农户体验和接受这种销售方式，使农户真正了解和掌握互联网涉及的业务类型、办理方法等知识，不断提高广大农民的网络素养。

2.2　建立草莓合作社信息化管理系统

为了使草莓的营销摆脱消息闭塞、流通受限、服务滞后等情况，可建立草莓合作社信息化管理系统，运用信息化管理系统将草莓的生产、包装、运输、销售、结算、信息管理等六大环节的数据集中处理，将农户的种植基地实行统一管理。

2.3　加强地区草莓标准化体系建设

一是加强草莓品种的开发，积极培育新的草莓品种。二是在草莓的病虫害防治环节，推行物理和生物防治技术，防止有毒农药直接接触到果实。三是在草莓研究所和农业技术推广站应配套建设草莓的质量监督和检测体系，对草莓的品种和农药残留等进行检验检测，并出具品种鉴定和质量检测报告，以提高公信力。

2.4　创新草莓电子商务营销模式

为适应市场经济发展，拓展草莓的销售渠道，商户可在京东商城、天猫开设品牌旗舰店，同时与顺丰等电商平台合作，还可以通过快手和抖音等直播平台进行销售。一方面可实现产品与客户的零接触，减少中间环节，节约交易成本。另一方面还可带动涉农企业、经纪人等开展草莓网上交易对接，促进所经营的草莓品牌走向高端发展路线。

2.5　加大农产品电子商务人才培养

对于草莓等农产品，“互联网 +”是一种全新的金融业态，业务开展需要专业人员。培养农产品电子商务复合型人才，具体可以从两方面入手：一是对现有农村金融从业人员进行业务培训，“互联网 +”从业人员需要掌握金融知识和互联网技术，更重要的是应具有很强的营销能力和法律常识，同时“互联网 +”从业人员还应了解草莓产业的情况，这样才能成功地设计、开发和推广适合于本地区的“互联网 + 农产品”营销模式或平台。二是政府要通过对产教融合的支持培养“互联网 +”专门人才，发挥高校育人的优势，加强高校和社会教育机构与农村互联网金融企业的深度合作，通过合作育人、定向培养等多种形式，形成多方位、多角度的人才培养机制。

第三节　草莓其他销路

传统的水果市场依然占据较大的市场份额，除水果市场外，自助餐厅、蛋糕店也会有草莓需求，所以可以直接上门销售，这是一个卖草莓的过程也是一个积攒客户的过程。草莓产能过剩，可考虑深加工。草莓罐头、草莓糖葫芦等制作技术简单，储存时间长。研发新型草莓制品，如草莓面膜、沐浴露等特色产品。

第十二章　附　　件

第一节　草莓园周年管理工作历

草莓园周年管理工作历见表 12-1。

表 12-1　草莓园周年管理工作历

时间	作业项目	管理内容及要求
6—7 月	土壤消毒	在高温期可把准备定植草莓的田块进行深翻，灌足水后用塑料薄膜覆盖后暴晒 40 天，利用太阳能进行土壤高温消毒，或用棉隆进行土壤消毒。
	整地作畦	施足基肥，每公顷可施优质有机肥 7.5 吨，要整平耙细。如有地下害虫，施肥时应注意拌药除治。平畦可按长 10 ～ 20 米，宽 1.2 ～ 1.5 米作畦，畦埂高 15 ～ 20 厘米，畦沟宽 20 ～ 30 厘米；高畦要求畦埂高 20 ～ 30 厘米，畦面宽 60 厘米，畦沟宽 20 ～ 30 厘米。
	秧苗栽植	选择健壮秧苗，随起苗随栽植。平畦可按（10 ～ 15）厘米 ×（20 ～ 25）厘米株行距，每公顷 15 万株左右。高畦每垄两行，行距 20 ～ 30 厘米，株距 15 ～ 20 厘米。栽植深度要适当，不可过深或过浅，要求上不埋心、下不露根为好。最好选阴天或下午傍晚进行栽植。雨天栽植时土壤易板结，栽后不易发苗。
	及时浇水	栽后要及时浇水。栽后前 3 天要每天傍晚浇 1 次，以后可隔天浇水，以促使秧苗成活。

续表

时间	作业项目	管理内容及要求
6—7月	继续做好秧苗栽植	早栽秧苗健壮，过晚秧苗生长不良。保护地秧苗栽植最好采用带土移栽，栽后搭遮阴棚，促其成活和生长。
8月	追肥浇水	草莓栽植成活后，要及时追肥浇水，促使秧苗健壮生长。
	防治病虫害	如发现地下害虫危害，要及时除治。
9月	加强田间管理	为促进秧苗健壮生长和花芽分化，要继续做好中耕除草、追肥、浇水、防治病虫害等工作。
10月	加强植株管理	及时摘除病残老叶，追施尿素及磷酸二铵，每株各30克左右，叶面喷施0.3%尿素加0.3%磷酸二氢钾2～3次，及时浇水和防治病虫草害。
	扣棚保温	当气温降到8～10℃时开始扣棚保温。
	喷施赤霉素	保温开始后的1周内可以喷施1～2次5～10毫克/升的赤霉素，每株3～5毫升。喷施时要注意喷施苗心，晴天喷施，休眠浅的品种可以不喷或少喷。连续2次喷施的时间间隔为7～10天。
11月	加强植株管理	扣棚保温后，应避免多次灌水和施肥，适度保持土壤干燥。在植株顶花序抽生后，只留1～2个粗壮侧芽，并摘除其他侧芽和匍匐茎。
	加强病虫害防治	此期棚内温度高、湿度大，白粉病、芽枯病、灰霉病等易发生，应加强防治。
	放蜂授粉	促成栽培于11月下旬进入花期，可行人工授粉或放蜂辅助授粉，减少畸形果形成。每棚可放1箱蜂。
12月	加强温度管理	开花期到坐果期要确保白天20～25℃，夜间控制在8～10℃。收获期白天20～22℃，夜间8℃左右。
	促成栽培及时采收	促成栽培一般于12月中旬果实成熟，要及时采收上市，同时要加强植株管理，防止早衰。

续表

时间	作业项目	管理内容及要求
1 月	草莓采收	果实八成熟时即可采收，及时外运上市，并注意温室保温，使白天温度在 22℃以上，夜间温度不低于 8℃。
2 月	加强植株管理	对于半促成栽培的草莓，将枯黄叶、病虫叶、衰老叶剪掉，除留 3 ～ 4 个苗壮新茎外，多余的去掉，为预防病害流行，喷施生物农药。为促进开花可以喷施 1 次 5 ～ 10 毫克 / 升的赤霉素，每株 5 ～ 10 毫升。
	加强温度管理和授粉	花期、坐果期的温度白天控制在 20 ～ 25 ℃，夜间 8 ～ 10℃，果实成熟期白天 20 ～ 22℃，夜间 8℃左右为宜，继续进行果实采收上市。花期用生物农药防病 1 ～ 2 次，花期放蜂授粉。
3 月	采收上市，注意防病	采收后应用小盆分级包装，将病虫果、畸形果挑出。一般在中午加大防风量，此时用速克灵、百菌清烟熏剂防病。
	及时追肥	用 5‰的氮、磷、钾复合肥，穴施追肥 3 ～ 5 次，每 10 天 1 次，每次每亩用肥液 800 ～ 1200 千克。防止植株早衰。

第二节　草莓病虫害年度防治历

草莓病虫害年度防治历见表 12–2。

表 12–2　草莓病虫害年度防治历

月份	易发病虫害	防治措施	栽培方式
1 月	土传病害、根腐病、沤根	土壤消毒、喷施农药	促成栽培
	灰霉病、白粉病	喷施农药	
	冻害	保温、除湿	

续表

月份	易发病虫害	防治措施	栽培方式
2月	灰霉病	喷施农药	促成栽培
	根腐、沤根、茎基腐病	浸泡育苗盘、土壤表层药剂处理、药剂淋灌	早春育苗、越冬促成栽培
	寒害、灰霉病	降湿，以苗期预防为主	越冬促成栽培、早春半促成栽培
3月	蚜虫、粉虱	药剂灌根、药剂喷雾、清除杂草、加防虫网	越冬栽培、春季栽培、越冬促成栽培
	灰霉病、叶斑病、芽枯病	早期预防，喷施农药	早春半促成栽培
4月	轮斑病、粉病	喷施农药	春季栽培、早春半促成栽培、冷拱棚栽培
	病毒病	防传毒媒介	
	枯萎病	药剂灌根	
5月	轮斑病、白粉病	喷施农药	春季栽培、早春半促成栽培、冷拱棚栽培
	病毒病	防传毒媒介	
	枯萎病	药剂灌根	
6月	轮斑病、白粉病	喷施农药	春季栽培、大拱棚栽培、露地栽培
	枯萎病	药剂灌根	
	病毒病	防传毒媒介	
7月	叶斑病、轮斑病	喷施农药、药剂淋灌、浸泡育苗盘	种苗繁育、露地栽培、秋季育苗
8月	茎基腐病	喷施农药、药剂淋灌	种苗繁育、秋季育苗
	根腐病	药剂灌根	
	炭疽病	喷施农药	
9月	叶斑病、轮斑病	喷施农药、药剂灌根	促成种苗移栽、秋季栽培
	蚜虫、粉虱、棉铃虫、夜蛾类虫	喷施农药	

续表

月份	易发病虫害	防治措施	栽培方式
10月	白粉病	喷施农药	越冬促成栽培
	粉虱、茶黄螨	喷施农药	
11月	白粉病	喷施农药	越冬促成栽培
	菌核病	喷施农药	
12月	灰霉病	喷施农药	越冬促成栽培
	寒害	保温、驱湿、喷施农药	

第三节　草莓生产技术规范（GB/Z 26575—2011）

本标准由国家质量监督检验检疫总局提出，由中国标准化研究院归口。

本标准起草单位：国家质量监督检验检疫总局进出口食品安全局、山东省植物保护总站、青岛市植保站、烟台市植保站、莱州市植保站。

本标准主要起草人：林伟、李明立、嵇俭、于培贞、田明英、宋姝娥、原国辉。

1　范围

本标准规定了草莓生产的基本要求，主要包括生产基地的选择和管理、生产投入品管理、栽培管理、有害生物防治、劳动保护、批次管理、档案记录等方面。

本标准适用于草莓的生产。

2　规范性引用文件

下列文件中的条款通过本标准的引用而成为本标准的条款。凡是注日期的引用文件，其随后所有的修改单（不包括勘误的内容）或修订版均不适用于本标准，然而，鼓励根据本标准达成协议的各方研究是否可使用这些文件的最新版本。凡是不注日期的引用文件，其最新版本适用于本标准。

GB/T 8321（所有部分）　农药合理使用准则

GB/T 18407.2　农产品安全质量　无公害水果产地环境要求

3　生产基地的选择和管理

3.1　生产基地选择

生产基地环境条件应符合 GB/T 18407. 2 的要求，并填写《生产基地基本情况记载表》（表 A.1）和《生产基地现存生物种类调查记录表》（表 A.2）。宜选择地势平坦、排灌方便、土层深厚、土壤疏松肥沃、土壤理化性状良好，前 3 年至前 2 年未种植苹果、桃、草莓等蔷薇科作物的壤土地块。

生产基地应远离污染源。连片面积宜在 3 公顷以上。

3.2　生产基地管理

3.2.1　工作室

生产基地应建有工作室。室内配备桌椅、资料橱等，放置有关生产管理记录表册，张贴生产技术规范、病虫害防治安全用药标准一览表、基地管理及投入品管理等有关规章制度。

3.2.2　基地仓库

生产基地应建有专用仓库，单独存放施药器械和未用完的种子（苗）、农药、化肥等。仓库应安全、卫生、通风、避光，内设货架，配备必要的农药配制量具、防护服、急救箱等，并填写《生产基地主要农用设备（工具）登记表》（表 A.3）。

3.2.3　盥洗室

生产基地应设有盥洗室，保持室内卫生清洁。

3.2.4　废物与污染物收集设施

生产基地应设有收集垃圾和农药空包装等废物与污染物的设施。

3.2.5　灌溉系统

生产基地应建立排灌分开的管理系统，如储水池、供水渠道、灌溉设备等。

井灌区水井井口应高出地面 30 厘米以上，并配有防护设施，防止雨水倒灌和弃入污染物等。

3.2.6　植保员

生产基地应配备植保员，负责病虫害的防治、农药使用管理与记录等。植保员配备数量应能满足每个基地生产的需要，并填写《生产基地基本情况记载表》（表 A.1）和《生产基地人员登记表》（表 A.4）。

植保员应获得国家植保员职业资格证书，并经过有害生物综合治理（IPMD）培训。

3.2.7　肥料技术人员

有条件的生产基地宜配备肥料技术人员，负责肥料的施用管理与记录等。填写《生产基地人员登记表》（表 A.4）。

3.2.8　环境条件监测

新建生产基地应进行环境条件监测。每 2 ～ 3 年，或环境条件发生变化有可能影响产品质量安全时，应由有资质的监测单位及时进行相关指标的检测，以确定是否继续使用该生产基地。保留检测报告，并填写《生产基地基本情况记载表》(表 A.1)。

3.2.9 平面图

生产基地应制作平面分布图，用来制订种植规划和田间管理方案等。

3.2.10 标志、标示

生产基地有关的位置、场所，应设置醒目的标志、标示。

3.2.11 隔离防护

基地周围应建立隔离网、隔离带等，或具有天然隔离屏障，防止外源污染。

4 生产投入品管理

4.1 农药的采购与贮藏

4.1.1 农药的采购

应从正规渠道采购合格的农药，并索取购药凭证或发票。不应采购下列农药：非法销售点销售的农药、无农药登记证或农药临时登记证的农药、无农药生产许可证或者农药生产批准文件的农药、无产品质量标准及合格证明的农药、无标签或标签内容不完整的农药，超过保质期的农药以及国家禁止使用的农药。采购农药时应索取农药质量证明资料，必要时进行检验，填写《生产基地投入品出、入库记录表》(表 A.5)和《生产基地农药质量检测结果记录表》(表 A.6)。

4.1.2 农药的贮藏

农药应当贮藏于厂区专用仓库，由专人负责保管。仓库应符合防火、卫生、防腐、避光、通风等安全条件要求，并配有农药配制量具、急救药箱，出入口处贴有警示标志。

4.1.3　农药包装物处理

农药包装物不应重复使用、乱扔。农药空包装物应清洗 3 次以上，清洗水妥善处理，将清洗后的包装物压坏或刺破，防止重复使用，必要时应贴上标签，以便回收处理。空的农药包装物在处置前应安全存放。

4.2　肥料的采购与贮藏

4.2.1　肥料的采购

应从正规渠道采购合格肥料，并索取购肥凭证或发票。不得采购下列肥料：非法销售点销售的肥料、超过保质期的肥料。填写《生产基地投入品出、入库记录表》(表 A.5)。

4.2.2　肥料的贮藏

肥料应妥善保存，单独放置于清洁、干燥的仓库，由专人负责保管。不得与苗木、农产品存放在一起。

5　栽培管理

5.1　整地施肥

5.1.1　整地

清除前茬作物残留枝叶，带出田外集中处理，降低病(虫)源基数。

深翻土壤 25 ~ 30 厘米，整平耙实。宜使用机械耕翻，维持土壤结构。

5.1.2　整畦

起垄栽培。畦沟宽 20 ~ 30 厘米，畦面宽 60 厘米，畦埂高 20 ~ 30 厘米。

5.1.3 基肥

根据草莓生育期和土壤肥力状况，每亩施用腐熟有机肥 500 千克，过磷酸钙 40 ～ 50 千克，微生物菌肥 80 千克。不得施用生活垃圾、工业废渣、污泥等。

基肥施用填写《生产基地田间农事活动记录表》(表 A.7)。

5.2 种苗的选择

5.2.1 品种选择

宜选择抗病、优质、丰产、商品性好、耐储运的品种。

5.2.2 种苗质量

植物检疫合格。经处理后，填写《生产基地种子 / 种苗处理记录表》(表 A.8)。

5.3 育苗

5.3.1 选择母株

品种纯正、健壮、根系发达、无病虫害、4 片叶展开的一年生匍匐茎苗，宜用脱毒苗。

5.3.2 准备苗床

选择土壤肥沃、排灌水方便的地块作苗床，施腐熟有机肥 2000 ～ 3000 千克 / 亩，深耕土壤 25 厘米，筑 1.5 ～ 2 米宽的平畦或高畦。填写《生产基地田间农事活动记录表》(表 A.7)。

5.3.3 定植母株

将母株单行定植在畦中间，株距 50 ～ 80 厘米。

定植深度：苗心茎部与地面平齐，上不埋心，下不露根。

5.3.4 幼苗管理

母株栽植后要保证充足的水分供应。匍匐茎生长出后，将其在母株四周均匀摆布，并在子苗的节位上及时培土压蔓，促发新根。后期将匍匐茎截断，培壮子苗。中间及时摘除花序，节约养分。

5.3.5　假植育苗

北方于7月中下旬、南方于8月下旬至9月上旬，选择具有3～4片展开叶的子苗拔出假植在苗圃中，株行距15厘米 ×15厘米。栽后浇透水，第一周要遮阴，定时喷水保持湿润。10天后叶面喷一次0.2%尿素，每隔10天喷施一次0.2%～0.3%磷酸二氢钾。及时摘除抽生的匍匐茎、枯叶、病叶。移栽前7～10天进行断根处理。填写《生产基地田间农事活动记录表》（表A.7）。

5.4　田间管理

5.4.1　移栽

5.4.1.1　移栽时期

当假植苗在顶芽分化后，幼苗达4～6片叶展开、苗重25～30克、新茎粗1厘米以上时移栽定植。

5.4.1.2　栽植方法

大垄双行栽植。株距15～20厘米，行距20～30厘米。棚室栽培10000～12000株/亩，露地栽培8000～10000株/亩。尽量选阴雨天或晴天下午16：00以后，带土移栽，新茎的弓背一律向外。

5.4.2　苗期管理

缓苗期一般20天左右，定植后前3天每天浇水一次，以后根据墒情适当浇水，确保幼苗扎根生长；幼苗长出3～4片新叶后，及时追肥，追施尿素10千克/亩或复合肥10～15千克/亩。及时摘除老叶，中耕除草，保墒。填写《生产基地田间农事活动记录表》（表A.7）。

5.4.3 越冬期管理

北方11月中下旬当日平均温度在3～5℃时，选择无风天气，覆黑色地膜；南方在覆膜后即破膜提苗。覆膜前整平地面，除去老叶、病叶，浇一遍越冬水，覆膜后4周压土盖严，根据天气情况及时覆草，确保草莓安全越冬。填写《生产基地田间农事活动记录表》(表A.7)。

5.4.4 春季结果前管理

北方当日平均温度达到5℃左右，草莓开始生长时，破膜提苗，土封植株基部，摘除老叶、病叶，浇一遍返青水，并结合浇水追施尿素10千克/亩。开花前追施一次复合肥10～15千克/亩，并根据墒情及时浇水，一般在土壤解冻后草莓萌芽前和现蕾前各浇一次水。填写《生产基地田间农事活动记录表》(表A.7)。

5.4.5 结果期管理

根据田间草莓生长情况追肥1～2次，每次追施腐殖酸冲施肥10千克。合理疏花疏果，每花序留果2～3个。小水勤浇，果实膨大期及时浇足水，果实成熟期浇水不宜大水漫灌。填写《生产基地上田间农事活动记录表》(表A.7)。

5.5 收获及收获后处理

5.5.1 收获

采收宜在上午露水稍干时开始，11：00结束，或在午后16：00后进行。

采收前，应对产品农药残留、重金属等有害物质进行检验，保证产品质量安全要求，并填写《产品农药残留等有害物质检测结果记录表》(表A.9)。

采收后，填写《产品采收及流向记录表》(表A.10)。

5.5.2　包装物

包装物应洁净无污染，并妥善存放。再利用的包装物品，应清洗干净，防止有害物质污染。

6　有害生物防治

6.1　防治原则

坚持“预防为主，综合防治”的植保方针，以农业和物理防治为基础，优先采用生物防治技术，辅之化学防治应急控害措施。

6.2　主要防治对象

主要防治对象为：蚜虫、斜纹夜蛾、红蜘蛛、灰霉病、白粉病等。

6.3　防治措施

6.3.1　农业防治

6.3.1.1　选用抗病品种

宜选用抗病抗逆性强的优质、丰产品种。生产过程中应加强健身栽培，预防病害发生。

6.3.1.2　轮作

连续种植草莓 2 ～ 3 年后，应与非蔷薇科作物进行一次轮作。

6.3.2　生物防治

6.3.2.1　利用性信息素技术控制斜纹夜蛾，每 300 平方米放置 1 只专用诱捕器，每只诱捕器安装诱芯 1 枚，每 15 天更换 1 次诱芯，诱捕器的诱虫孔离地 1 米。

6.3.2.2　防治蚜虫，用 3% 除虫菊素微囊悬浮剂 20 克 / 亩，兑水 30 ～ 40 千克，喷雾，防治次数视发生情况而定，用药间隔 7 ～ 10 天。填写《生产基地有害生物防治记录表》（表 A.11）。

6.3.3 物理防治

6.3.3.1 防虫网

阻止蚜虫、粉虱等害虫进入棚室危害，宜选用 22 ～ 30 目、孔径 0.18 厘米的银灰色防虫网，直接罩在大棚骨架上，或搭水平棚架覆盖。

6.3.3.2 黄板

棚室内设置涂有黏着剂的黄板诱杀蚜虫和粉虱等。黄板规格以 30 厘米 ×20 厘米为宜，悬挂于植株上方 10 ～ 15 厘米处，每亩设置 30 ～ 40 块。

6.3.3.3 银灰膜

驱避蚜虫、粉虱等害虫，棚内悬挂银灰膜，露地栽培宜选择银灰色地膜覆盖。

6.3.4 化学防治

6.3.4.1 一般要求

应符合 GB/T 8321（所有部分）的要求。

6.3.4.2 防治方案

防治后填写《生产基地有害生物防治记录表》（见表 A.11）。

6.3.4.3 施药器械

施药前应确保施药器械洁净并校准。施药器械使用后应清洗干净放置。

6.3.4.4 轮换用药

为避免或减缓有害生物抗药性的产生，宜轮换使用化学农药。

6.3.4.5 剩余药液处理

应按照需要准确配制，少量剩余药液（粉）进行无害化处理，或喷洒到法规允许的休耕地中，并填写《剩余药液或清洗废液处理记录表》（表 A.12）。

7　劳动保护

7.1　培训

凡使用、处理农药和化肥的人员，以及所有操作危险或复杂设备的人员都应经过培训，并填写《生产基地人员登记表》（表 A.4）。

7.2　施药保护

施药时，操作者应穿着防护服，不得吸烟、吃东西，施药后应立即用肥皂清洗皮肤裸露部位，换洗衣服。

7.3　警示

施药后，现场应立即设置警示标志。其他工作现场和危险场所附近亦应设置警示标志。潜在危险区的警示标志设于入口处。

8　批次管理

同一地块或同一大棚采用同一种植管理模式在同一天采收的同一品种为一个生产批次。以 1 年为一个流水周期编号，共 3 位数。产品批次号为采收日期 + 流水号 + 产品名称拼音首字母 + 基地所在省（市、区）行政区划代码（6 位）+ 基地名称拼音首字母。填写《产品采收及流向记录表》（表 A.10）。

9　档案记录

每个生产地块（棚室）应建立独立、完整的生产记录档案（见附录 A），保留生产过程中各个环节的有效记录，以证实所有的农事操作遵循本标准规定。记录应当保留 2 年以上。

表 A.1　生产基地基本情况记载表

<table>
<tr><td>基地名称</td><td colspan="5"></td></tr>
<tr><td>基地地址</td><td colspan="2"></td><td>基地面积</td><td colspan="2"></td></tr>
<tr><td>基地负责人</td><td></td><td>电话</td><td></td><td>基地建成时间</td><td></td></tr>
<tr><td rowspan="3">植保员姓名</td><td colspan="2"></td><td rowspan="3">资格证书号</td><td colspan="2"></td></tr>
<tr><td colspan="2"></td><td colspan="2"></td></tr>
<tr><td colspan="2"></td><td colspan="2"></td></tr>
<tr><td>灌溉水源</td><td colspan="5"></td></tr>
<tr><td>周围环境情况</td><td colspan="5"></td></tr>
<tr><td>前茬栽培主要作物</td><td colspan="5"></td></tr>
<tr><td>拟种植的主要作物</td><td colspan="5"></td></tr>
<tr><td>土壤检测报告编号</td><td></td><td>报告日期</td><td></td><td>评定结论</td><td></td></tr>
<tr><td>水质检测报告编号</td><td></td><td>报告日期</td><td></td><td>评定结论</td><td></td></tr>
<tr><td>空气检测报告编号</td><td></td><td>报告日期</td><td></td><td>评定结论</td><td></td></tr>
<tr><td>备　注</td><td colspan="5"></td></tr>
</table>

制表人：　　　　　　　　　　　　制表日期：

表 A.2　生产基地现存生物种类调查记录表

调查单位：　　　　调查负责人：　　　　调查时间：

生物名称	学名	分类地位	密度

制表人：　　　　　　制表日期：

表 A.3　生产基地主要农用设备（工具）登记表

农用设备（工具）名称	型号	生产厂家	数量	购买日期	现况	保管人	备注

制表人：　　　　　　　　　　　　制表日期：

表 A.4　生产基地人员登记表

姓名	性别	出生日期	学历	职称 / 职务	参加工作时间	家庭住址	电话	证书及编号	培训记录

制表人：　　　　　　　　　　　　制表日期：

表 A.5 生产基地投入品出、入库记录表

日期	入库						出库			库存
	投入品名称	数量	规格	生产企业	产品来源	检测报告编号	数量	领用单位	领用人	

仓库保管：

表 A.6　生产基地农药质量检测结果记录表

农药名称		剂型含量	
生产厂家		登记证号	
农药批号		采购单位	
发票号码		检测日期	
检测单位			
检测执行标准		检测报告编号	
检测结果			
检测项目	标准值	检测值	结论
备注			

制表人：　　　　　　　　制表日期：

表 A.7　生产基地田间农事活动记录表

地块 / 大棚编号	前茬作物	种植作物	播种时间	播种量（千克 / 亩）	株行距厘米	预计收获时间 / 数量

田间农事活动记录

日期	活动内容	肥料名称	使用量	使用设备	天气状况	操作人	技术负责人

注：农事操作包括耕田、起垄、种植、移栽、施肥、浇水、除草、间苗、培土、划锄、疏花、疏果、采摘、收获等；天气状况主要记载温度、湿度、风力、降水等

制表人：　　　　　　　　　　　　制表日期：

表 A.8　生产基地种子 / 种苗处理记录表

操作人		电话	
种子 / 种苗品种		地块 / 大棚编号	
种子 / 种苗来源			
防治对象			
药剂处理情况记录			
药剂名称与剂型			
生产厂家			
处理方式			
处理剂量			
处理日期			
温水浸种			
水温		浸种时间	
备注			
注：每地块 / 大棚一卡			

制表人：　　　　　　　　制表日期：

表 A.9　产品农药残留等有害物质检测结果记录表

产品名称		地块 / 大棚编号	
检测单位			
样品采集时间		检测执行标准	
报告日期		检测报告编号	
检测结果			
检测项目	标准值	检测值	结论
备注			

制表人：　　　　　　　　制表日期：

表 A.10　产品采收及流向记录表

批次号	地块 / 大棚编号	产品名称	采收日期	数 / 重量	农残检测	供货对象	备注

制表人：　　　　　　　　　　制表日期：

表 A.11　生产基地有害生物防治记录表

作物名称					地块 / 大棚编号				
防治措施									
日期	防治对象	农药名称	使用量	使用设备	是否符合标准方案	更改标准方案理由及新方案可行性	天气状况	防治人员	植保员
注：天气状况主要记载温度、湿度、风力、降水等									

制表人：　　　　　　　　　　制表日期：

表 A.12　剩余药液或清洗废液处理记录表

操作人		电话	
剩余农药或清洗废液名称		数量	
处理地点		处理日期	
处理方式			
备注			

制表人：　　　　　　　　　　制表日期：

参 考 文 献

[1] 蔡启良，刘子铎，喻子牛．苏云金芽孢杆菌生物活性成分研究进展 [J]. 应用与环境生物学报，2003(9)：207-212.

[2] 成英，陈迪娟．设施草莓病虫害绿色防控技术规程 [J]. 上海蔬菜，2016(4)：59-62.

[3] 丛洁文．建平县设施草莓病虫害绿色防控关键技术 [J]. 特种经济动植物，2018(9)：51-52.

[4] 高怀春．草莓常见生理性病害的正确识别及综合防治 [J]. 北方园艺，2005(6)：40.

[5] 耿安静，赵晓丽，陈岩，等．草莓的农药使用现状及对策研究 [J]. 中国食品卫生杂志，2016，28 (5)：628-633.

[6] 洪钦阳，肖水华，邹情雅，等．苏云金芽孢杆菌生物活性成分研究进展 [J]. 生物技术进展，2013，3(2)：85-89.

[7] 侯丽媛，董艳辉，聂园军，等．世界草莓属种质资源种类与分布综述 [J]. 山西农业科学，2018，46(1)：145-149.

[8] 胡玉．长丰县草莓病虫害绿色防控及节药技术探讨 [J]. 现代农业科技，2017(18)：94-99.

[9] 皇甫菊银，李英，黄雯，等．温室草莓架式栽培病虫害绿色防控技术 [J]. 农业工程技术，2017(1)：61-64.

[10] 吉沐祥，李国平，杨敬辉，等．江苏省设施草莓病虫害绿色防控技术规程 [J]. 江苏农业科学，2013，41(8)：119-121.

[11] 吉沐祥，姚克兵，王建华，等．设施草莓病虫害全程绿色防

控技术模式 [J]. 江苏农业科学，2016，44(9)：148–151.
[12] 亢菊侠，赵俊侠，康克功 . 设施栽培奶油草莓病虫害发生与绿色防控技术 [J]. 陕西农业科学，2014，60(9)：123–126.
[13] 李付军，卢国彩，田洪平，等 . 我国草莓中农药最大残留限量标准现状分析 [J]. 农产品质量与安全，2025(2)：64–69.
[14] 李津 . 昌黎地区小麦和玉米田间杂草调查 [D]. 秦皇岛：河北科技师范学院，2016.
[15] 李林，喻子牛 . 细菌杀虫剂研究和开发的现状与展望 [J]. 微生物学杂志，1998，18(4)：33–38.
[16] 李新斌，杨成林，李拥军，等 . 襄阳市设施草莓主要病虫害的发生及绿色防控技术 [J]. 农业灾害研究，2019，9(1)：13–15.
[17] 李星月，许前贵，朱从桦，等 . 四川温室草莓生产现状及病虫害绿色防控技术 [J]. 四川农业科技，2018(3)：27–28.
[18] 李星月，张鸿，向运佳 . 四川温室草莓病虫害绿色防控技术 [J]. 四川农业科技，2018(7)：1–2.
[19] 李宗宝 . 厦门市草莓病虫害的绿色防控技术 [J]. 现代农业科技，2016(18)：109–113.
[20] 刘庆 . 长江中下游地区直播稻田杂草种子库及千金子防控技术研究 [D]. 南京：南京农业大学，2016.
[21] 刘鑫，赵鹏，张慧，等 . HACCP 体系在冷冻草莓加工中的应用 [J]. 食品研究与开发，2013，34(22)：95–97.
[22] 刘秀秀，冯小亮，吕东波 . 生物刺激素在农业中的应用现状及发展前景 [J]. 南方农业，2017，11(14)：88–89.
[23] 乔勇进，王海宏，方强，等 . 草莓采后处理及贮藏保鲜的研究进展 [J]. 上海农业学报，2007，23(1)：109–113.

[24] 申艳群，申华，王光辉，等 . 邵东县直播稻田杂草发生种类、为害特点及防治措施 [J]. 南方农业，2018，12(32)：11–12.

[25] 舒锐，焦健，臧传江，等 . 我国草莓产业现状及发展建议 [J]. 中国果菜，2019，39(1)：51–53.

[26] 孙立荣，刘贤金 . 草莓质量安全 HACCP 体系的建立与应用 [J]. 江苏农业科学，2006(6)：402–404.

[27] 王春，汪琨，崔志峰 . 芽孢杆菌活体微生物农药研究现状及应用 [J]. 浙江农业科学，2013(7)：830–834.

[28] 王华，曹云，周洁，等 . 奉贤区大棚草莓主要病虫害发生规律及绿色防控技术 [J]. 上海农业科技，2017(3)：103–106.

[29] 王鸣谦，薛莉，赵珺，等 . 世界草莓生产及贸易现状 [J]. 中国果树 . 2021(2)：104–108.

[30] 王蓉蓉，汤林华 . 球形芽孢杆菌在媒介蚊虫防制中作用的研究进展 [J]. 国外医学寄生虫病分册，2005，32(2)：76–79.

[31] 王振学 . 保护地草莓常见生理性病害及其综合防治技术 [J]. 科学种养，2014(2)：31–33.

[32] 吴声敢，柳新菊，安雪花 . 浙江省大棚草莓主要病虫害绿色防控技术 [J]. 浙江农业科学，2018，59(9)：1515–1518.

[33] 吴声敢，王京文，柳新菊，等 . 我国草莓中农药最大残留限量标准新进展 [J]. 农产品质量与安全，2020(2)：70–76.

[34] 武冲，姜莉莉，宗晓娟，等 . 中国草莓育种研究进展 [J]. 落叶果树，2022(2)：28–30.

[35] 武雯，张顾旭，陆爽，等 . 浦东新区草莓病虫害绿色防控技术的防效评估 [J]. 上海农业科技，2017(1)：100–101.

[36] 夏本勇 . 长丰县草莓种植现状及病虫害绿色防控措施 [J]. 现代农业科技，2018(14)：102–104.

[37] 向发云，张庆华，韩永超，等．湖北省草莓栽培现状与发展对策 [J]. 湖北农业科学，2017，56(23)：4538–4541.

[38] 谢尚强，王文霞，张付云，等．植物生物刺激素研究进展 [J]. 中国生物防治学报，2019，35(3)：487–496.

[39] 熊武辉，胡晓敏，袁志明．球形芽孢杆菌在病媒蚊虫控制中的应用 [J]. 中国媒介生物学及控制杂志，2010，21(1)：1–4.

[40] 徐同友，吴息正，钱荣明，等．草铵膦防除草莓杂草药害试验初报 [J]. 安徽农学通报，2017，23(1)：60–62.

[41] 闫淑侠．草莓园除草 [J]. 四川科技报，2015（B03）：1.

[42] 杨光．美国签署首部生物刺激素法规 [J]. 国际世界农药，2019，3（24）：43.

[43] 杨丽荣，全鑫，刘玉霞，等．农用微生物杀菌剂研究进展 [J]. 河南农业科学，2009（9）：131–134.

[44] 叶鹏．设施草莓病虫害绿色防控技术 [J]. 农民致富之友，2016，11：58.

[45] 于艳丽，殷如意．草莓生产过程中 HACCP 原理的应用 [J]. 安徽农业科学，2011，39(10)：5717–5719.

[46] 于震，庞雅心．阜新地区温室草莓病虫害绿色防控技术 [J]. 北方果树，2017（6）：32–33.

[47] 余宏章．草莓除草要赶早 [J]. 农资导报，2018（4）：1.

[48] 余宏章．草莓育苗移栽时要防杂草"同行" [J]. 湖南科技报，2019（3）：1.

[49] 余宏章．草莓园杂草的防治及主要病虫防治用药建议 [J]. 农药市场信息，2015（28）：61.

[50] 喻子牛．微生物农药及其产业化 [M]. 北京：科学出版社，2000：1–12，256–259.

[51] 原维梓，代保平 . 设施草莓病虫害绿色防控技术集成应用模式 [J]. 基层农技推广，2017(4)：77–79.

[52] 张雯丽 . 中国草莓产业发展现状与前景思考 [J]. 农业展望，2012(2)：30–33.

[53] 章超斌 . 农田杂草种子库群落及绿色控草技术研究 [D]. 南京：南京农业大学，2011.

[54] 赵东风，项小敏，章心惠，等 . 草莓苗田杂草防治试验初报 [J]. 上海蔬菜，2015(5)：84–85.

[55] 赵继红，李建中 . 农用微生物杀菌剂研究进展 [J]. 农药，2003，42(5)：6–8.

[56] 郑庆伟 . 设施草莓病虫害绿色防控技术 [J]. 农药市场信息，2016(27)：59–60.

[57] 周洁，俞晓云，孙鹏 . 草莓病虫害绿色防控关键技术 [J]. 上海农业科技，2018(4)：121.

[58] 朱晶晶 . 草坪杂草发生分布规律及其综合防除体系的研究 [D]. 南京：南京农业大学，2003.

[59] 朱效兵，夏美茹，李云玲，等 . 草莓生产中存在的食品安全问题及解决策略 [J]. 农产品加工，2016(4)：56–62.

[60] AYERS AR, EBEL J, FINELLI F. Host–pathogen interactions quantitative assays of elicitor activity and characterization of elicitor present in extracellular medium of cultures of Phytophthora megasperma var. sojae[J]. Plant Physiology, 1976, 57(5): 751–759.

[61] ELENA A, DIANE L, EVA B, et al. The root application of a purified leonardite humic acid modifies the transcriptional regulation of the main physiological root responses to Fe deficiency in Fe–sufficient cucumber plants[J]. Plant Physiology and

Biochemistry, 2009, 47(3): 215–223.

[62] EMMERT EA, HANDELSMAN J. Biocontrol of plant disease:a (Gram–) positive perspective[J]. FEMS Microbiolo Lett., 1999, 171(1):1–9.

[63] HOWELL CR, STIPANOVIC RD. Suppress of Pythium ultimum induced damping–off of cotton seedlings by Pseudomonas fluorescens and its antibiotic, pyoluteorin[J]. Phytopatholo, 1980, 70(8) :712–715.

[64] KERR A. Biological control of crown gall though production of Agrocin 84[J]. Plant Disease, 1980 , 64:24–30.

[65] TURNER JT, BACKMAN PA.Factors relating to peanut yield increases after seed treatment with Bacillus subtilis[J]. Plant Disease, 1991, 75(4):347–353.